生活因阅读而精彩

生活因阅读而精彩

精明的最高境界是

厚道

展啸风 著

中国华侨出版社

图书在版编目(CIP)数据

精明的最高境界是厚道 / 展啸风著.—北京：
中国华侨出版社,2012.6

ISBN 978-7-5113-3770-2

Ⅰ.①精⋯　Ⅱ.①展⋯　Ⅲ.①人生哲学–通俗读物　Ⅳ.
①B821–49

中国版本图书馆 CIP 数据核字(2013)第 143849 号

精明的最高境界是厚道

著　　者 / 展啸风	
责任编辑 / 尹　影	
责任校对 / 孙　丽	
经　　销 / 新华书店	
开　　本 / 787 毫米×1092 毫米　1/16　印张/18　字数/265 千字	
印　　刷 / 北京建泰印刷有限公司	
版　　次 / 2013 年 9 月第 1 版　2013 年 9 月第 1 次印刷	
书　　号 / ISBN 978-7-5113-3770-2	
定　　价 / 32.00 元	

中国华侨出版社　北京市朝阳区静安里 26 号通成达大厦 3 层　邮编:100028
法律顾问:陈鹰律师事务所
编辑部:(010)64443056　　64443979
发行部:(010)64443051　　传真:(010)64439708
网址:www.oveaschin.com
E-mail:oveaschin@sina.com

前 言

在几年前热播的影片《手机》中，男主角严守一的那句"做人要厚道"成为大家用来半开玩笑半认真地点拨自己和周围的人的一句"至理名言"。

"做人要厚道"，这简短的 5 个字并不是编剧的首创，而是即便是一位乡间老翁也能脱口而出的话，但这其中蕴含了教人怎样做人的道理。

那么何为厚道？

厚道即是以诚待人，以真待事，用真诚、宽厚来作为自己为人处世的准则，世间万物皆同此理。承载无限生命的大地若不厚道，就无法拥有山川海岳；同样地，如果一个人不厚道，就得不到道义与友情。

厚道为人，就是要我们心地单纯，化复杂人生为简单处世；厚道做事，就是要我们心胸宽广，化恩怨干戈为真情玉帛。一个厚道的人必定心存善良，宁可人负我，绝不我负人；一颗厚道的心，必然向往美好，为人少的，处世多栽花。

可以说，厚道对于我们每一个人来说既是一种高尚的人生态度，也是一种严谨的道德实践，更是一种以良好的人品为核心的做人做事哲学。

厚道的人不会在乎一城一池的得失，不会沉陷于是非纷争中斤斤计较，不会局限在狭隘的自我思维中。这体现的不仅是一种风度和品质，更是一种大智慧的超越，因为他们知道，在生活和工作中，收获与付出相伴而行，而不可能一一相等。有得也有失，既不会有全得，也不会是全失，而是得中有失、失中有得。

因此说，只有懂得厚道做人才能够真正精明地处世。只有厚道一些、坦然一些，看待诱惑才会更真切一些，正因为这样，我们才能看到诱惑背后的潜在问题，才能够作出最正确的选择。

从这个角度来讲，厚道才是最高境界的精明。

那么，怎么能让自己成为厚道的人?厚道的人该如何去做?厚道为人会有怎样的结果……如果你想了解这些，那么就请翻开本书吧，它将指给你厚道为人的至真道理和厚道处世的绝妙方法。

目　录

第1章

世上最难是做人，做人最难是厚道

大千世界，芸芸众生，每个人都有自己的生活方式，每个人也都希望自己受人尊重。可是，由于各自成长环境和所处角度的不同，很多矛盾、分歧也就难免产生，时不时地困扰着我们。而怎么让自己摆脱这种困扰，能够较快地化解和别人的矛盾、避免和他人的分歧，就需要我们掌握厚道做人的要领。

第2章

当你以为得到时，其实你已经失去

那些有"手腕"的人总是怕便宜了别人，而厚道的人则不会因为吃一点儿亏而斤斤计较。他们知道，开始时吃点儿亏，是为以后的不吃亏打基础，不计较眼前的得失是为了着眼于长远的目标。相应地，像前者那些画入"聪明"群体的人到最后往往吃了大亏。因此，要想真正不吃亏，我们就得老老实实做人、踏踏实实做事。这是品格高尚的人立身处世的法宝，也是人生常胜不败的正途。

第 **3** 章

太聪明会失去大局，留点痴心能成大事

那些脑瓜精明的人往往会有舍我其谁的心理，不是看不起张三，就是瞧不起李四。不仅如此，他们还喜欢盯着捷径，只动脑子不动手。试问，谁愿意和这样的人合作？一个真正智慧的人，不管他是聪明还是愚痴，都会适时适度地保留一点"痴心"，着意去做一些看似很笨的事。因为他们明白，最终成就自己的往往正是这些看上去不聪明的事。

第 **4** 章

放下身段不会让高贵者变得卑微

爱摆架子的人都是不受欢迎的。相反，只有把自己放低，拥有一种"归零"的心态的厚道人才更容易被人接受，得到别人的爱戴和支持。当你学会了低头，你就能够使自己迷途知返，就会找到正确的前进方向，从而摘得胜利的果实。可以说，低头是一种智慧，也是一种胜利。学会低头，才能巧妙越过层层荆棘；只有低头而行，才是立身处世不可或缺的绝密法宝。

第5章

多替别人着想的人,永远不会输

在生活中,因为每个人的思维方式不同,对待同一件事情也会有不同的反应,所以你不妨试着站在对方的位置,用对方的思维方式来思考问题,这样你才能更加容易理解、包容对方的行为。只要学会对人对事都换一种角度来思考,你就可以从纷繁复杂的琐碎中解脱出来,从钩心斗角的环境中脱离出来,你看到的世界将会越来越美好,你的心态也会越来越平和。

第6章

诚信是你一生最有价值的投资

诚信是你人生道路上最重要的坐标,没有它,你的人生之路必然是一片迷茫与黑暗;诚信是人类灵魂和道德天平上最沉重的砝码,没有它,人类的灵魂和道德将会充斥虚假和伪善;诚信是一涧山巅的飞泉,唯有它方能洗尽浮世铅华,洗尽躁动不安的心境与虚假,留下启悟人们心灵的妙语灵谛。

第 7 章

给别人送欢喜，就是给自己带欢喜

　　我们对待别人应付出自己的爱和尊重，哪怕只是一个包含真情的眼神，哪怕只是一个细微的动作，也会让对方因为"我"这个人的存在而变得更幸福、更快乐。其实，付出并不单单是向外献出我们的利益，与此同时，我们也收获了由付出所带来的回报，只不过形式有所不同罢了。

第 8 章

不敢生气是懦夫，不去生气是智者

　　心胸成就事业，气量造就大度，大气之人方能成大器，小肚鸡肠之徒除了斤斤计较之外，还能做什么？他们的心胸小如针眼，想必属于他们的天地也大不了哪里去。这样的人常常会为芝麻而丢掉西瓜，为了钱财而丢弃友情，为了眼前而丢弃未来，他们的这种心态也会破坏自己的人际关系。

第9章

心中有个尺度,衡量自己该走的路

　　面对光怪陆离的社会,一个真正厚道的、智慧的人是不会迷失自己的,即使取得了令人瞩目的成就,他也不会得意忘形,而是知道自己该走什么样的路。事实上,我们每个人都是有别于他人的,所以我们在社会上生存着,就要挥洒出自我的个性来,按自己的爱好展示自己,不随波逐流,不盲目跟从。只有这样,才能彰显出独立的人格,才能受到更多人的尊重,赢得更多人的欢迎。

第 10 章

甘于付出，多做一点儿会赢得更多

"只要人人都献出一点爱，世界将变成美好的人间。"其旨在告诫我们要多奉献自己的爱心，多帮助别人，这样我们的世界就会更加美好。其实，在帮助别人的同时，我们还会拓展自己的生存和发展空间，扩大自己的人脉，并最终收获让自己惊喜的回馈，就像"赠人玫瑰，手有余香"的道理一样。

第 **1** 章

世上最难是做人，做人最难是厚道

　　大千世界，芸芸众生，每个人都有自己的生活方式，
每个人也都希望自己受人尊重。可是，由于各自成长环境
和所处角度的不同，很多矛盾、分歧也就难免产生，时不
时地困扰着我们。而怎么让自己摆脱这种困扰，能够较快
地化解和别人的矛盾、避免和他人的分歧，就需要我们掌
握厚道做人的要领。

做人之本是厚道，厚道之本是正直

厚道经

　　做人之本是厚道，厚道之本是正直。正直是为人厚道的体现，是个人品行的重要凭证，正直的人不管外界如何变化，都不会降低做人的底线与坚守的原则。

　　自古以来，厚道做人都被人们看做是做人的根本。在人们的观念里，厚道的人有自己的为人处世方法，不管外界环境如何变化，他们都能以不变应万变，都能依靠厚道积蓄的力量与价值渡过难关。

　　可是，在社会的每个阶段，在每个人所处的圈子里却总有那么多不厚道的人存在。这些人往往当面一套，背后一套，为了一己私利可以说谎话而不眨眼，可以不守承诺，甚至违背法纪。显然，这样的人是和厚道相背离的，因为在他们身上欠缺了一种极其重要的厚道为人的核心因素——正直。

　　可以说，正直是我们行走于世间的宝贵财富。没有正直之心，就不会客观地看待和处理事务，也不会得到别人的信任和爱戴。

　　毋庸置疑，人们都喜欢和正直的人打交道，因为只有这样，人们才感到心里踏实，才会将重要的事交付于他们。我们来看一个历史上关于正直为人的故事。

　　隋朝后期，天下动乱。苏世长原来是江都郡丞王世充的手下，但后来王世充兵败，苏世长就投靠了高祖李渊，被封为玉山屯监。

有一次，李渊在玄武门见到了苏世长，就问他："你是属于喜欢阿谀逢迎的人还是正直不阿的人？"

苏世长回答说："我是特别愚蠢又特别正直的人。"

李渊又问他："你如果像自己所说的那样正直，为什么还要背叛王世充而归顺于我？"

苏世长回答说："现在洛阳已经平定，天下一统，微臣智穷力短，于是才归顺陛下。如果王世充还在，微臣占据汉南，那么将会是一个非常强大的敌人。"

李渊笑道："你名长意短，言行不一。你放弃对郑国的忠诚，对我却是背信弃义。"

苏世长回答说："我承认自己名长意短的确是像陛下所说，但言行不一我却不敢认同。以前，大将窦融率领河西投降汉朝，从而十代封侯；而臣率领山南归顺唐朝，却只得到屯监的职位。"

原来，苏世长是嫌封赐的官职太小，于是，李渊当天便下令提升苏世长为谏议大夫。

还有一次，苏世长在披香殿陪同李渊喝酒时，发现殿堂修建得富丽堂皇，苏世长就劝谏说："这所殿堂如此富丽堂皇，一定是隋炀帝建造的。"

李渊生气地说："你实在是狡诈，明明知道这所殿堂是我造的，为什么反而说是隋炀帝呢？"

苏世长回答说："臣实在不知道，只不过看到这里如此奢华，实在不像受天之命的帝王爱民节用的行为。如果这所宫殿是陛下建造的，确实不应该。臣过去看过陛下的房屋，能够遮风挡雨就足够了。如今天下一统，陛下理应居安思危，不忘节俭。"李渊听后，觉得苏世长的话有几分道理，就虚心接受了他的建议。

苏世长是降将，地位比较特殊，在面对李渊提问的时候，他既没有表

3

示出对李渊的过分尊重，也没有表示出过分的谦卑，而是从容自若、淡定如水。正是因为苏世长在这两者之间掌握好了分寸，才得到了唐高祖的赏识。

正直的人是不卑不亢的人，他们有自己的原则，知道自己在坚持什么、在做什么，正因为这样，他们才不会放弃对自身目标的追求。厚道的人懂得取舍，会坚持自己的原则，不会因为客观环境、客观因素的改变而改变。

中兴汉朝的光武帝刘秀靠武力得到了天下，而治理国家时却是依靠法令。虽说天子犯法与庶民同罪，但是用以约束皇亲国戚，这些法令就体现出其不足之处了。

刘秀的大姐湖阳公主就是一个不遵法令的典型。她仗着自己是刘秀的姐姐为所欲为。不仅是她，就连她的奴才也是如此。

当时满朝文武中有一个铁骨铮铮的汉子叫董宣，在他的眼里，法令是绝对高于特权的。

有一次，湖阳公主的奴才行凶杀人之后，躲在府里不出来。如果换作别的官员来主管这件事，这个家奴在府里躲一阵之后，事情也就不了了之了。但这次，他碰上的是董宣。依照法令，董宣是不能随便去公主的府里搜查的，于是他索性就为公主看起门来，守株待兔，等着那名奴才出来。

过了一阵之后，湖阳公主外出，这名奴才跟着公主出行。董宣闻声后，马上赶了过来，拦住了湖阳公主的马车。

湖阳公主当即大怒："你好大的胆子，也不看看我是谁?竟然敢拦我的马车?"

董宣毫不畏惧，把手中佩剑拔了出来对湖阳公主说："你不应该纵容家奴行凶杀人，这样做触犯了国家的法令!"不仅如此，董宣还当即下令把那名奴才绑了起来，就地处决了。

于是，湖阳公主气得门也不出了，当即去向光武帝哭诉。光武帝听完之后也非常生气，就传召董宣进宫，准备当着湖阳公主的面责骂他一番，给湖阳公主出气。

没想到董宣却说："陛下，请您先不要责备我。等我把话说完之后，就算是马上死在陛下面前，我也心甘情愿。"

光武帝问："你想说什么？"

董宣说："皇上是一位明君，自然知道法令的重要性。如果法令只约束臣民而对皇亲国戚却没有约束力，国家会成什么样子？现在湖阳公主的家奴行凶杀人，如果不处决他，怎么能堵住天下的悠悠之口？防民之口甚于防川啊！"

董宣说完就向宫内的柱子撞去，等到被内侍拦住的时候，董宣已经血流满面了。

光武帝觉得董宣说得对，但为了顾全湖阳公主的面子，就让董宣给湖阳公主磕个头道个歉。但是董宣却不买账，死活不愿意磕头。

这时，内侍就按住董宣的头，想强制让他磕头。但是却奈何不了董宣，内侍只得说："他的脖子太硬，我们按不下去。"

光武帝听后只是笑笑，就让内侍把董宣拉了出去。

最后，光武帝不仅没有治董宣的罪，反而赏给他了30万两银子作为奖励，"强项令"董宣也从此名垂青史。

不畏惧强权，始终坚持自己的原则，这是董宣坚守自己气节的表现。董宣不是不知道得罪公主就是得罪皇上，君让臣死，臣不得不死。但是，为了坚守自己的气节，董宣硬是敢于直抒己见，甚至不惜一死。结果，"硬脖子"的董宣反而得到了光武帝的器重。因为光武帝也深知，坚守气节是一种可贵的品质，董宣这个"强项令"绝对是个不可多得的忠臣。

诚然,做人要厚道,而厚道却离不开正直。如果一个人没有正直为人的基本品行,那么他就会毫无原则地背离事实而做出一时损人利己的事来。而只有具备正直为人的高尚品行才能坚守原则、尊重事实依据,这样的人才能够让人心服口服、倍加信赖。

厚道人不好做,最难就在"敢吃亏"

厚道经

一毛不拔、斤斤计较的人只会堵死自己的人生路。厚道之人不好做,难就难在于敢吃亏。接受吃亏的现实,知道什么样的亏应该吃、什么样的亏不必计较,才是厚道的真意。

如果我们综览历史就会发现,很多人都吃过亏,而且吃亏之后还不在意,反而把自己的人生走得更加好。吃亏是福,接受吃亏的现实是一种大度的表现。能够适时地吃一些小亏,因为我们可以从中汲取教训,避免今后犯更大的错误;但是大亏不能吃,吃了大亏之后,我们很有可能会一蹶不振,从而丧失将人生路继续走下去的决心。

厚道人不好做,最难就在于"敢吃亏"。吃亏只是暂时性的,吃亏并不说明我们傻,而是说明我们能放能收、能屈能伸,对吃亏的事情一笑而过,体现的是一种襟怀,著名画家与书法家曾经就写过"吃亏是福"的4字条幅,其中之意也不难理解:做人要能吃得了亏,过于计较个人得失,反而会舍本逐末,丢掉应有的幸福。

人活着就要坦坦荡荡，吃亏只是我们从另外一个层面认识自己。能够吃亏的人，其内心往往是简单而淡然的，他们不会沉陷于是非与纷争中斤斤计较，不会局限在狭隘的自我思维中。这体现的不仅是一种风度和品质，更是一种大智慧的超越。

被誉为"扬州八怪"之一的郑板桥善于"养生"，即不以物喜，不以己悲。他的诗、书、画艺术精湛，号称三绝。由于他在创作过程中能把诗、书、画3者巧妙结合，独创一格，从而达到了一种全新的艺术境界，这使他精神上有所寄托，豁达而开朗。

但这一切都是在他官场"吃亏"后的"福气"。他在年轻做官时爱护百姓，因为在灾荒之年为灾民请求赈济而触犯了上司，最后被罢官回乡。但是郑板桥并没有忧郁沮丧，也不为官场失意而郁闷不乐，而是骑着毛驴悠然回到故乡，从此专注于诗、书、画，安然幸福地过着晚年的生活。

郑板桥可谓是一生坎坷，但他始终以乐观的姿态去面对生活。他写过两条著名的字幅，就是流传至今的"难得糊涂"和"吃亏是福"，这两条字幅含有深刻的哲理。凭借这种达观大度的心态和大智若愚的智慧，郑板桥不但长寿，而且留下了传世美名。

"吃亏"与"不公平"经常会出现在我们的生活里。与朋友相处，有时会"吃亏"，同事之间有时会存在"不公平"，如果你能以一种达观的姿态去看待所谓的"吃亏"和"不公平"，那么你就会保持一种良好的心态，这也是创造未来的一个重要保证。

美国前总统克林顿面对个人名誉的得失时，曾说过这样的话："如果我每读一遍对我的指责就做出相应的辩解，那我还不如辞职算了。如果事实证明我是正确的，那些反对意见就会不攻自破；如果事实证明我是错的，那么即使有10位天使说我是正确的也无济于事。"

厚道的人不会在乎一城一池的得失,他们知道,在生活和工作中,收获与付出相伴而行,却不可能次次相等。有得也有失,既不会有全得,也不会是全失,而是得中有失、失中有得。吃亏则是收获与付出之间的平衡、得与失中的理性。如何真正领会其中的含义,仁者见仁,智者见智,需要你在生活中品味,在工作中体会。

很多人总是不愿意吃亏,总想着得到,但是,如果没有付出,哪会有回报?人生就是一个不断吃亏的过程,你要做的就是正视吃亏,只有这样,才能做好自己,你才能把厚道的品质发挥到极致。

一个主动承担了600元损失的生意人,没想到真的获得了6万元的销售额。

他的公司主要经营家用、公用清洗设备,由于质量上乘、服务口碑一流,在业内创下了不小的名气。

一次,他公司的销售人员联系到了一笔业务:某市一家三星级的酒店要购买一套地毯清洗设备,价值6000多元。各项手续办好后,他立即把设备寄往了该市,原本一桩不错的买卖就此功成。

但没想到的是意外节生,酒店在收到设备后,说设备在运输途中损坏了,要求退货。他派人查看后得知,设备是在酒店组装时由于操作不当而损坏的,维修费用约需600多元,酒店不愿承担才要求退货。

按照常理而言,公司并没有任何责任,他完全可以置之不理。但他认为"吃点儿小亏"无所谓,他来承担维修费用,于是,他派人把设备修好,酒店异常满意。

一个多月后,该酒店要更新其他清洗设备,首先想到的就是甘愿"吃亏"的他,一次性就定了6万多元的货。

吃亏并非了无追求、碌碌无为,而是一种理性面对得失和追求的坦然,是面对索取和作为的豁然,是旁观于他人追名逐利而仍能保持宁静和明智的超然。若你能在得失面前炼就一份淡泊的情怀和平释的心态，那么就会有一份清醒和思考，而由此达成的气质与境界才是你厚道本质中所需要的。

大千世界，芸芸众生，每个人都有自己的生活方式，不想或不愿吃亏亦无可厚非，然而，吃亏不仅是一种品德和境界，更是一种关于心境的角度和高度。愿意吃亏、不怕吃苦的人，总是把别人往好处想，也愿意为他人多做一些，在其看似迂腐、软弱的背后，是一个宏大、宽容而纯净的世界。

正所谓"将欲取之，必先予之"，不计较一时长短，不在乎个人得失，怀着简单而纯明的心，吃亏而后得福。过分斤斤计较，在貌似得到眼前小利的同时繁杂了思想、负累了心灵，也许更重要的是失去了长远的福报。厚道才能在你心中生根、发芽，最终长成参天大树。

真正的高尚，是把品行当成习惯

厚道经

一个人如果没有良好的品德，就算他再有能力，取得再大的成功，也得不到别人的尊重，从而让自己的人生充满浅薄而失去生命的厚重感。

麦塔斯塔索坚持认为："人类的所有东西都是习惯，品行本身也不例外。"习惯是人类的第二天性，如果你没有养成良好的习惯，那么你只会让自己的人生充满浅薄而失去生命的厚重感。

一个人如果没有良好的品德，就算他再有能力，取得再大的成功，也得不到别人的尊重。厚道是一种美德，更是精明人所必须具备的。厚道是美德的传承，当你拥有这种美德的时候，你就可以感化别人，也能感化自己，更能够感化成功。

有一位哲学家带着他的学生们环游世界，在 10 年的时间里，他们走遍了世界上的所有国家，拜访了世界上所有有大智慧的人。

在归来的途中，他们路过一片草地，哲学家和弟子们就在这片草地上坐下来休息。哲学家问学生们："10 年来，我们的足迹踏遍了世界上的名山大川，现在我们回来了，就让我们来上最后一课吧。"

哲学家问道："我们现在坐在什么地方？"

学生们回答说："草地上。"

哲学家继续问道："草地上长着什么？"

学生们答道："杂草。"

哲学家继续说："对，这里长满了杂草，杂草是没有用处的，那么，我们用什么方法能把这些杂草除掉呢？"

学生们非常惊讶，不是因为问题太复杂，而是因为问题太简单，有的学生说用铲子，有的说用火烧，有的说斩草要除根，一定要连根拔出来……众说纷纭，始终没有得出一个最好的结论。

哲学家笑笑，并不予以评论，而是说："好了，我们今天的课就上到这里。你们现在就用自己的方法除掉杂草，等到明年的今天，我们再来这里相聚。"

一年之后，学生们都来到这里相聚，但是这里早已经没有了杂草，取而代之的则是一堆长满谷子的庄稼地。学生们等了好久，但是哲学家始终没有来。

过了十几年，哲学家去世了，学生在整理他的著作时，在他著作最后的空白处补了几句话："要想除去旷野里的杂草，方法只有一种，就是在上面种上庄稼。同样，如果想让我们的灵魂没有烦恼，最好的办法就是让美好的品德占据它。"

如果没有这最后一课，学生们用 10 年的时间所进行的修行又有什么意义呢？我们要想变得强大，最简单的办法就是拥有高尚的品德。在中国的传统文化中就非常讲究厚德载物，虽然厚道在很多人心里是傻子行为，但是厚道的人却往往会有贵人相助，而这也是厚道本身所带给我们的益处。

著名音乐家贝多芬曾经说过："没有一个善良的灵魂，就没有美德可言。"与人为善，多去帮助别人，你才能在自己需要帮助的时候得到别人的帮助，只有不计利害得失地付出，你才能在关键时刻收获到成功。

赵迪从小没有什么文化背景，前几年因偶然的机会在家乡做起了日用品批发生意，做起了分销商。

他做生意与别人不太一样：在与每个分销商分红时，赵迪主动提出自己拿小头，大头给对方。如此一来，凡是和他有过接触的人都成了他的"回头客"，不仅愿意再次与他合作，并且还会介绍一些朋友给赵迪。没过多长时间，赵迪在圈子里就有了厚道的口碑，生意非常好。仅仅两三年的光景，就摇身一变成为了一名总经销。

在被问及成功的秘诀时，赵迪总是憨憨地笑。其实他知道，把许多小头集中起来便成了大头，他才是真正的赢家。

看得出，赵迪用自己敢于舍弃的高尚品行换来了更多的得。如果不是几年如一日的厚道行为，恐怕也换不来今天的顾客盈门。可见，一个人一旦把良好的品行养成习惯，就会越来越受到人们的配合和尊重。这样对自己而言，又何尝不是一种巨大的收获呢。

当然，不是所有高尚的品行都能为我们带来福报，但是我们却可以为未来的成功积蓄价值。我们永远不知道明天和意外哪个会先到来。展现我们的好品行其实并不单单是一种"傻"的行为，而是大度、宽容、善良等美德的一种延伸。

所以，让我们把良好的品行形成习惯吧，通过不断地积聚、不断地延伸，它会帮助我们取得别人更多的信赖和尊重，也会帮我们取得更多更大的利益和成功。

厚道之人不是没欲望，而是经得住诱惑

> 厚道的人不会被眼前的诱惑蒙蔽，他们能透过现象看到本质，并且能够全面分析利弊，把问题解决掉。在诱惑面前淡定一些，让厚道为你保驾护航，你才能拨开云雾见月明。

现实生活中，我们会遇到各种各样的诱惑。在诱惑面前，我们要学会分析，不要被眼前利益蒙蔽双眼。厚道之人懂得如何做人，是自己的东西，他们会去争取；不是自己的东西，他们会选择分析，会适当地放弃。很多时候，我们因为自己太过于偏执，才会一条道走到黑，就算远离了诱惑，我们也不会死心，进而选择再坚持。

只有坦然面对诱惑，你才不会沦为诱惑的奴隶，才会明白做人的道理。如果你做不到，只会失去人生的主动权。诱惑的出现会让你的野心膨胀，当你的野心膨胀到无法抑制的时候，你就会走上一条无法回头的路。更多的时候，诱惑更像是催化剂，当你尝到一点儿甜头，想要摆脱的时候，就会发现诱惑已经深入到你的骨子里了，就算它消失，你也很难选择放弃。

当诱惑出现的时候，厚道的人会选择让野心适可而止，不会让其无限制地膨胀。他们知道，如果让野心膨胀到无限的时候，你就会发现，自己的野心已经脱离了他们的掌控区域，到那时，他们就只能沦为野心的奴隶。

越是这样,就越需要你及时泼冷水,让自己冷静下来,只有这样,你才能在正确的、理性的道路上越走越远。

战国时期,中国儒家的代表人物孟子的名气非常大,家里经常宾客盈门。其中,绝大多数人是慕名而来,特意来向孟子求学问道。

有一天,他家中接连来了两位神秘人物,一位是齐王的使者,一位是薛国的使者。对这两个国家的使者,孟子自然不敢怠慢,于是便小心周到地接待着他们。

齐王的使者带来100两金子给孟子,说是齐王特意馈赠的。而孟子见他话说到此没有了下文,就婉言谢绝了齐王的馈赠,使者无奈,只好灰溜溜地走了。

不久,薛国的使者也来求见,他给孟子带来50两金子,说是薛王的一点儿心意,感谢孟子在薛国发生灾难的时候帮了大忙。孟子听了很高兴,并吩咐手下人把金子收下。

孟子前后大相径庭的举动让门客感到十分奇怪,不知孟子为什么拒绝齐国馈赠的百两黄金却接受薛国的区区50两。陈臻率先提出了这个问题,他问孟子:"齐王送你100两的金子,你不肯收;薛国才送了齐国的一半,你却接受了。如果你刚才不接受是对的话,那么现在接受就是错了;如果你刚才不接受是错的话,那么现在接受,不是前后言行不一吗?"

孟子回答说:"其实,事实不是你想的那样。在薛国的时候,我帮了他们的忙,为他们出谋划策,平息了一场战争。我也算是一个有功之人,这些物质奖励是我应该得到的。而齐国人平白无故地给我那么多金子,是有心收买我。君子是不可以用金钱收买的,我怎么能收他们的贿赂呢?"

大家听了之后都十分佩服孟子的高明见解和高尚操守,孟子仁义的名声也从此开始远播四方。

面对无故的恩惠，孟子不为所动，不被糖衣炮弹轰炸得丧失了冷静的头脑。他沉着地进行了一番分析，知道哪些钱财是属于自己应该拿的、哪些钱财不应该属于自己。这不仅体现了孟子的厚道精明，而且告诫后人，不是所有的利益都是属于自己的，在诱惑面前学会取舍，才不会给自己带来麻烦。

坦然面对诱惑，正是厚道做人的一种体现，质本洁来还洁去，不必因为诱惑而强加烦恼于己身。不能果断放弃诱惑，只会让野心继续扩大，一直恶性循环下去。多数时候，我们会被眼前利益蒙蔽双眼，等到时过境迁，我们就会发现，当初我们看重的其实只是一些微不足道的小利。

诱惑是双方向的，很多时候，诱惑会打破我们的定力防线，让我们跟着诱惑走，就算失败了，诱惑也会毫不留情地牵引着我们。美国著名心理学家威廉·詹姆斯曾说过："承认既定事实、接受已经发生的事实、放弃应该放弃的是在困境中自救的先决条件。"认真分析诱惑，不管它是攀升还是下降，我们都应该适时地找回自己的定力，只有如此，我们才能抵挡住诱惑，在自己最清醒的时候作出关键的决定。

在一条河的岸边有几个人在钓鱼，还有几名游客在欣赏风景。这时，有一名垂钓者钓上来一条大鱼，足有一尺半的样子，但是垂钓者却不为所动，他把鱼嘴上的吊钩取了下来，接着做出了一个惊人的举动，他把大鱼扔进了海里。

围观者非常惊讶，他们认为这个垂钓者太贪心了，竟然连这么大的鱼都不要。过了一会儿，垂钓者钓上来一条一尺的鱼，钓鱼者又把鱼扔了下去。如此再三，最终垂钓者钓上来一只几寸长的小鱼，旁观者都觉得垂钓者会继续把鱼扔到河里，但这次出乎意料的是，垂钓者把鱼留了下来，放到了鱼篓中。

旁观者表示很不能理解，就问垂钓者为什么这样做，垂钓者解释说："我家里的盘子最大的也没有一尺长，太大的鱼钓上来，就算带回去，盘子也装不下。"

放弃大的诱惑，找到适合自己的小诱惑，垂钓者都是如此，他们都是能够正确估计自己、厚道精明的人，并且他们能够找到真正适合自己的梦想，并且凭借自己的努力进而达成。

当诱惑出现的时候，厚道的人会根据自身情况进行判断。这样，他们才会凭借自己的力量让诱惑与自己隔离。诱惑可以激发我们的野心，但是野心的大小则取决于它掌握在谁的手中。俄国著名作家列夫·托尔斯泰说过："正是自尊和野心时常激励着我去行动，让我回味无穷的经历是在杂志上阅读关于《马克尔的笔记》的评论。"托尔斯泰发现这些评论既能供人消遣又具实用价值，这段话足以让厚道精明的人终生受用。

成功之所以伟大，就在于它掌握在精明人的手中，因为在他们手中，成功会切合实际，有一个限度，在这个限度之内，我们能尽最大能力取得成功。我们的雄心也是如此，不管诱惑是强是弱，也需要一个限度，多一分不可，少一分不行。只有让我们的雄心在最正确的轨道上发挥作用，才能体现出它的价值。诱惑只是表面现象，我们要做的就是保持住自己的定力，然后在冷静的情况下对事情做出最合理的判断。

任何时候，我们都不要忘记厚道做人，不管面对问题或各种诱惑，厚道是必不可少的，只有懂得厚道的人才能精明处世。厚道一些、坦然一些，看待诱惑才会更真切一些，正因为这样，我们才能看到诱惑背后的潜在问题，才能够作出最正确的选择。

学会分享，就会收获一片海阔天空

厚道经

铢铢必较只会让自己的路越走越窄，只有胸怀大爱、不吝啬、不计较，才能收获友谊、收获信任，进而收获别人的帮助和配合，让自己一步一步奔向人生的成功之旅。

我们每个人都有自私的心理，但是这并不代表自私就是人生中的主旋律，其实，分享才是人生的主旋律。厚道的人不会吝惜自己的经验，也不会吝惜取得的成果，他们知道，自己能够取得今天这样的成绩是依靠众人的力量得来的，而分享则会让成功一直持续下去。

朋友之间要注重分享，没有必要铢铢必较，有时候，过多计较反而会失去身边的朋友。有了快乐要与朋友分享，一份快乐就会变成两份快乐；有了悲伤要与朋友分享，一份悲伤就会被两个人分担。

甲和乙是很好的朋友，有一天，他们两人一起走在林荫小路上，边走边说，非常开心。

突然，甲在草丛中发现了一样东西，因为阳光的照射，这样东西闪着耀眼的光芒。甲非常好奇，走过去一看，竟然是一把新斧头，甲非常高兴，就对乙说："你看，我捡到了什么？"甲边说边把斧头晃了晃。

乙说："这下好了，我们有一把新斧头了！"

乙非常高兴，但是甲却说："不要说'我们'，而是'我'。"

这时，乙本来兴奋的心情马上变为了不满，甲也感到了乙情绪的变化，也开始沉默不语了。

甲和乙继续向前走，再也没有刚才的谈笑风生了。没过多久丢了斧子的失主就从他们的身后追了过来。

甲长叹了一口气："这下看来，我们要遇到麻烦了！"

乙听了之后说："别说'我们'，是'你'遇到了麻烦。你刚开始捡到斧头的时候，并没有说是'我们'捡到的斧头。"

相信每个人都能掰断一根筷子，但如果是10根筷子、100根筷子呢？一个人的力量是极其渺小的，众人的力量才是最强大的。不要总是让目光看到自己，要做人，就要从帮助别人、从分享开始。

我们在社会中不是单一的个体，更不会茕茕孑立、形影相吊，我们每天都接触各种各样的人，和不同的人合作。我们要做的就是学会与人分享，不管是心情还是经历，这些都是可以分享的。如果你愿意把自己内心深处的东西与人分享，别人就会把你当成"自己人"，你就会多一个朋友、多一个援手。

受人滴水之恩，当涌泉相报。人都是有感情的动物，如果你能对身边人多一些关怀、多一些帮助，那么就很容易让他们对你产生非常好的印象。尤其是在职场中，很多人认为，在这个充斥各种利益关系的场所，各走各路才是金牌准则，但是岂不知，你不去帮助别人，总是自私自利，就是在得罪人。

不管是在生活还是职场中，你投之以木瓜，对方就自然会报之以琼浆。人生都有不如意的时候，每个人都会遇到困难，当别人需要帮助时，请不要吝啬你的双手，这样，在你危难的时候，别人才不会袖手旁观。

孙强是一家公司业务部门的主管，他每次看到同事时总是板着脸，像是石膏像一样面无表情，显得非常严肃。员工们看到孙强总是避而远之，不是不想，而是不敢向他靠近。孙强给员工布置任务的时候，员工总是没有任何意见就服从了，但是结果却往往大有出入。

刚开始的时候，孙强觉得摆出一副冷峻的表情更能让员工感觉到自己的威信，但是时间一长，孙强发现，自己的刻板损害的不仅是员工的利益，更是公司发展的长远利益。于是，孙强决定及时调整自己，把自己的工作经验与员工分享，不仅如此，他还及时听取员工的意见，与他们分享工作中的得失，共同促进、共同发展。

这样一来，公司内部就团结了，拧成了一股绳，公司上下一心，其力自然就能断金了。

分享就是要让每个人都得到好处，也就是恩惠，这样说起来有点儿像佛教中的布施，广结善缘，其实这是一个道理。不懂得分享的人在他遇到困难的时候也会渴望得到别人的帮助，但是往往对方早已反感他的为人，根本就不愿相助。你要做的就是注重每个分享的细节，只要别人需要，你就要与对方分享，这样才会被别人认可、亲近。

你与他人分享的不单单是经验或者是快乐，而是一种人情，多去分享，就会多积累到人情，这样，你的未来才会众人拾柴火焰高，实现大发展。每个人都是一个鲜活的生命，多去分享，你的人生才会变得鲜活，才可以影响到身边的人。

分享是厚道的延伸，是社会的良性循环，不懂得分享的人必然会沦为孤家寡人，等到自己出现情况无法解决时，就再也不能指望别人帮助自己把问题解决掉了。只有厚道一些、多分享一些，你才能看到更加广阔的天空。

中国有句话叫做"众人拾柴火焰高"，这说的不单单是团结的力量，换一种角度看，这更是分享的力量。如果我们都分享出自己的光明，不仅能照亮自己，更能照亮别人，也会一起照亮促进公司发展的美好前景。

受人一横眉,还人一笑脸

厚道经

当我们受人一横眉之后,如果我们怒发冲冠,就算本来没有矛盾的两个人也会因此产生矛盾,而有矛盾的两个人则会让矛盾激化。而如果在别人的横眉冷对下抱以笑脸,那么结果就会大为不同。

现在社会是一个浮躁的社会,并由此诞生了一部分浮躁的人。很多人在别人指责之后选择更有力的回击,这样的做法是极其不明智的。当别人对我们怒目相向、准备大吵一番的时候,如果我们不能压制住怒火,两个人之间的矛盾就会越发激化,这样问题就得不到有效的解决。

受人一横眉,我们要还人一笑脸。中国人常说,宰相肚里能撑船。如果一个人没有气度与胸襟,他是不可能有一番大的作为的。厚道之人在别人对他们颐指气使的时候,会选择还之以笑脸,这样,就算对方有再大的怒气,也会因为他们的微笑而消失于无形。

厚道的人懂得化干戈为玉帛,当别人对他们横眉冷对的时候,他们会选择宽容,会选择放下仇恨。人与人之间没有化解不了的矛盾,只有不愿化解矛盾的人。宽容一些,让一切不美好都随风散去,让一切美好都存在心底,只有这样,你才能让自己的人生呈现出绚烂的色彩。

《红楼梦》是四大名著之一，作者在书中为我们讲述了这样一个化敌为友的故事。

一次，贾母等人猜拳行令、随意玩乐，黛玉无意中说出了几句《西厢记》和《牡丹亭》中的艳词。这类剧本在当时是禁书，而从黛玉这样的大家闺秀口中说出更是会被人指责为大逆不道、有伤风化。

好在，许多读书不多的人没有听出来。但此事瞒得过别人，怎能瞒得过宝钗？然而宝钗却没有感情用事、图一时之快，借此机会让黛玉难堪。她并没有宣之于众，给黛玉留了余地，也给自己和黛玉化干戈为玉帛提供了契机。

事后，在没人处，宝钗私下叫住黛玉，冷笑道："好个千金小姐，好个尚未出阁的女孩儿！满嘴说的是什么？"一副严厉的下马威，让对方感到问题的严重。

于是，黛玉只好求饶说："好姐姐，你别说于别人，我以后再也不说了。"

宝钗见她满脸羞红，至此便适可而止，没再往下追问。这已让黛玉感激不已了。而宝钗更加精明之处在于，她还设身处地、循循善诱地开导黛玉："在这些地方要谨慎一些才好，以免授人以柄。"

此番真心实意的关心，结果"一席话说得黛玉垂下头来吃茶，心中暗服，只有答应一个'是'了"。

此事之后，宝钗果然守口如瓶，没有向任何人透露半点儿关于黛玉失言之事。

这使黛玉改变了对宝钗一贯的成见，诚恳地对她说："你素日待人固然是极好的，然而我又是个多心的，竟没有一个人像你前日说的话那样教导我……比如你说了那个，我断不会放过的；你竟毫不介意，反劝我那些话；若不是前日看出来，今日这些话，我是不会对你说的。"

至此，宝钗和黛玉达成和解。

抛出话音轻点一下，聪明之人便可领会。宝钗懂得在最恰切的时候点到为止，给黛玉留了七分颜面，给自己腾出三分空间。只有这样的"空间"多了，在深宅府第中才能容得下更多的朋友。

不管发生什么情况，我们最应该做的就是冷静，不要让两个人之间的矛盾加深，矛盾越深，我们就越难以解决。世事无常，多一些宽容与谅解，我们才能看到黑暗背后的光明，才能让一切问题消散于无形。

做人一定要有胸怀，要有容人之量，这才是厚道的最根本体现。大事化小，小事化了，遇到问题，不要一味地指责别人，这样只会让矛盾扩大化，问题得不到解决。为人处世时，我们应该把目光放长远一点儿，常怀一颗包容与宽恕之心，多看到别人的优点，多发现自己的缺点，这样才能让问题解决得更圆满，使自己的交际圈子越来越宽广。

唐朝武则天时期，娄师德高居宰辅之位。他是一个严于律己、有包容心的人。一次，他弟弟要去出任代州刺史，临走前，娄师德对弟弟说："我现在担任宰相，而你又要去出任代州刺史，我们从皇上那里得到了太多恩惠。对此，很多人难免会忌妒，你有什么好的解决办法吗？"

娄师德的弟弟跪下说道："从今以后，就算有人朝我脸上吐口水，我也只是轻轻擦掉，不会记恨，不会让兄长为我担心。"

娄师德正色道："这也正是我所担心的。别人向你吐口水，是因为他们心有怨恨。如果你在当时就把口水擦掉，恰恰违反了他们的意愿，如此一来，就会更加重他们的怨恨。所以，如果真有这样的情况发生，千万不要去擦掉它，而是微笑着接受，然后等待口水自然风干。"

娄师德的这番话听起来不免有些窝囊，然而事实上，这正是他为人处世宽容的表现，是真正的君子所为。

娄师德不仅教育弟弟要宽容，更是这样严格要求自己。当有人得罪他时，他也是采取宽容退让的态度进行自我反省，而神情却没有多大变化。

有一次，娄师德和当朝宰相李昭德一起出门。因为娄师德身体肥胖，所以走路速度比较慢，李昭德嫌娄师德走得太慢，就非常生气地说："哎，我被耕田的汉子给耽搁了。"娄师德听出他是在讥讽自己，但是却毫不生气，反而笑着对李昭德说："要是我不做耕田的汉子，那谁愿意去做呢？"

娄师德这样一说，李昭德反倒觉得自己很不好意思了。

有人说这是娄师德懦弱无能的表现，或者说他是个惺惺作态的伪君子。其实不然，这正是娄师德的过人之处，是他厚道大度的最好表现。在当时武则天统治的朝代，有多少忠正贤能之士或罢贬、或流放、或死罪及诛全祖，连狄仁杰这样的忠义之臣也差点儿丧命。而娄师德却能在宰相之位得以善终，这不正是他厚道的真实体现吗？

大人不记小人过，人与人之间发生问题时就要多思考，厚道之人就是大肚能容天下事的人，他们能够忍让别人的缺点，并且能够在气度上战胜对方，让对方认清自己的错误，并且迫使对方改正。

我们常常说逆来顺受，这就要求我们当别人做的事情不能让我们满意时，我们要学会客观地看待问题，先把心中燃起的怒火压制住，宽容为怀，这样，我们才能在对方暴躁的时候保持冷静，才能在对方犯错的时候做正确的事，而这才是厚道精神淋漓尽致的全景展现。

第 **2** 章

当你以为得到时，其实你已经失去

那些有"手腕"的人总是怕便宜了别人，而厚道的人则不会因为吃一点儿亏而斤斤计较。他们知道，开始时吃点儿亏，是为以后的不吃亏打基础，不计较眼前的得失是为了着眼于长远的目标。相应地，像前者那些划入"聪明"群体的人到最后往往吃了大亏。因此，要想真正不吃亏，我们就得老老实实做人、踏踏实实做事。这是品格高尚的人立身处世的法宝，也是人生常胜不败的正途。

投机取巧无法长远

厚道经

在利益的驱使下，投机取巧的人会铤而走险，而这也为他们将来要遭受的大灾难埋下了伏笔。厚道的人会选择脚踏实地去努力，并且他们坚信，风雨过后能够跨越彩虹。

现实生活中，很多人特别在乎一时一刻的得失，只想要索取，却不想付出，于是就铤而走险，不择手段，不管三七二十一，只要能达成目标就算成功。这样做往往会让事情的性质发生改变，本来是很好的事情却变成了非常坏的事情。

为了一时的便利而投机取巧，只会为自己未来的发展埋下隐患。有长远眼光的人都知道，投机取巧的做法有百害而无一利。如果他们通过投机取巧成功了，就容易让自己产生懒惰的心理，他们会想：既然这么容易就能把事情做成，为什么要去大费周章、按部就班地去做呢？与其如此，不如投机取巧，如果产生这样的心理，只会让你陷入万劫不复的境地。

春秋战国不仅是战争频发的时期，更是商人暴富的最佳时候。在当时，范蠡、计然等都富了起来。越国有一个名叫虞孚的人也眼红了起来，梦想摆脱现状，一夜暴富。于是，虞孚就找到了计然，向他求教致富的方法。计然好心地告诉虞孚："现在种漆树非常赚钱，你可以先种一些漆树，等到漆树长成之后，就可以采漆卖钱。"之后，虞孚又向计然咨询了种植漆树和护理漆树的方法，计然有问必答，耐心指点。

虞孚回去之后就开始筹钱种漆树。3年之后，漆树长成了，虞孚非常高兴，认为自己终于有了发家的资本，如果能割数百棵的漆树运到吴国去卖，就能赚到很多钱。这时，妻子的兄长来看他，看到这些漆树就说："我经常到吴国经商，知道在吴国怎么卖漆。如果方法得当，就能赚到更多的钱。"

虞孚听了怦然心动，赶忙请教。他妻子的兄长说："在吴国，漆非常畅销，我看到很多卖漆的人为了获得暴利，都煮漆树叶，吴国人很笨，把煮出来的漆叶膏和漆混在一起按纯漆的价钱卖，绝对发现不了。"虞孚听了内心狂喜，就按兄长的方法做了，并且将漆运到了吴国。

当时，吴国和越国是敌国，相互之间不通商，因此，越国的漆在吴国非常畅销。吴国人听说虞孚来卖漆，都非常高兴，以宾客的礼节接待了他。双方验完货，吴国人看到他的漆都是上等货色，非常满意。双方讲好价钱，贴好封条，约定明天一手交钱，一手交货。

吴国人刚一离开，虞孚就打开封条，把漆叶膏倒了进去，由于做得匆忙，虞孚不小心在坛子口附近留下了一些痕迹。第二天，吴国人如约来取货，发现封条有动过的痕迹，就知道虞孚做了手脚，于是就找了个借口，说过几天再来交易。

虞孚在自己的住所等了半天，也不见吴国人过来交易。时间一久，漆都变质了。最后，虞孚的漆一点儿都没有卖出去，3年的努力付之东流。他去吴国人那里讨说法，吴国人责备他说："商人做生意最重要的就是讲诚信，而你却是明里一套，背地一套，谁还会相信你？你这都是自作自受，没有人会可怜你。"

虞孚最后把身上带的钱都花光了，没有钱回到越国，只能在吴国乞讨为生。最后，虞孚因为穷困潦倒而客死异乡。

虞孚投机取巧、作茧自缚，本来他可以依靠漆料赚到大钱，但是没想到，好端端的一件事却因为自己的投机取巧付之东流了。

现实生活中，我们常常会看到这样的人总是为了小便宜而吃了大亏，他们为什么会贪小便宜呢？因为他们想投机取巧，不想付出劳动，却想收获利益，这样即使得到一时的利益，等到时间一长，别人就会发现这种人的本质，进而远离他们，划地为界，不再与他们交往。

厚道的人是懂得权衡的人，就算在百利背后有一害，他们也会决然放弃，更不要谈什么投机取巧了。一些人在投机取巧之后以为自己得到了，其实他们已经失去了，不仅失去了诚信、失去了奋斗的勇气，更失去了未来。

四大文明古国之一的古罗马有两座圣殿：一座是勤奋的圣殿，另一座则是荣誉的圣殿。只有通过勤奋的圣殿才能到达荣誉的圣殿。有些人为了达到荣誉的圣殿，想要绕过勤奋的圣殿，最后的结果只能是被拒之门外。

投机取巧只会让人堕落，让人丧失奋斗下去的动力，进而碌碌无为，成为别人嘲笑的对象。只有勤奋的人才能在通往理想的道路上永远前进，得到成功的青睐。

厚道的人不会为成功找捷径，他们知道，在成功道路上坚持走下去就是最大的捷径。投机取巧的人急功近利，他们为了收获最大利益，为了达成目标不惜铤而走险，而结果往往是非常悲凉的。

很多时候，甜蜜背后是苦涩，你不要被炮弹外面那一层糖衣所蒙蔽，没有不劳而获的成功，更没有天上掉馅儿饼的好事，只有锲而不舍地努力才是通往成功的康庄大道。

将聪明用对地方才是财富

> 懂得量才而用，自己能做什么，怎么样能把自己的能量激发到最大，怎么样能把聪明用对地方，只有这样，你才能取得常人难以想象的成功。

大千世界，芸芸众生，很多人之所以会一生碌碌无为，不是因为他们不聪明、没有能力，而是因为他们没有把聪明用对地方。如果你聪明过头了，就会聪明反被聪明误。

智慧掌握在自己手中，如果你不能给聪明找到位置，就不可能发挥出自己的价值。很多人非常聪明，但是却没有找到方向，而这也就是他们虚度年华的罪魁祸首。

厚道的人知道自己的目标是什么，明白自己的大方向，并且让自己的聪明才智向其靠拢。厚道的人都是有心的人，也许他们现在还没找到真正适合自己的方向，但是他们会让自己的内心安静下来，慢慢寻找，等到找到大方向的时候，他们就会把自己的聪明才智发挥到极限，努力去实现自己的终极目标。

奥托·瓦拉赫是诺贝尔化学奖的获得者，但是他的成名道路却没有想象的那么顺利，真可谓是一波三折。

最开始的时候，奥托·瓦拉赫学的是文学，但是他学得非常差，老师对他的评价是"朽木不可雕也"，认为他无论怎么努力，仍然是徒劳。

之后，奥托·瓦拉赫开始学习油画，但是他根本就没有绘画天赋，不会构图，也不会润色，他画出的油画永远都是倒数第一名。

接下来，奥托·瓦拉赫又做了很多次的尝试，但是很多老师都认为这个学生很难成才，只有化学老师发现他做事一丝不苟，认为如果让他专攻化学，肯定会别有一番成就，于是奥托·瓦拉赫的热情一下子就被点燃了，接下来，奥托·瓦拉赫在化学领域的研究上发挥出了自己的潜能，成为了化学领域的专家，并于1910年获得了诺贝尔化学奖。

奥托·瓦拉赫是一个执着于梦想的人，他也曾走过弯路，但是他能够继续坚持找寻适合自己发展的道路，并且在找到之后全身心地为了实现这个梦想而奋斗。

过于聪明的人往往会认为自己无所不能，认为自己在任何一个领域都能做到最好。其实，盲目自信是成功的劲敌。闻道有先后，术业有专攻，你只有认识自己、了解自己的优势和劣势，才能更好地发展。

垃圾就是放错地方的宝贝，多数时候，不是因为你无能，而是你没有给自己找到位置。很多人认为自己已经够聪明了，已经把自己看透了，但是实际上却恰好相反，聪明过度的人只会因为逾越了限度而遭受失败给予的沉重打击。

杨修是东汉末年的文学家，才思敏捷、灵巧机智，可谓一代舌辩之士，由此当上了曹操的谋士，官居主簿，典领文书、办理事务，但他却因恃才傲物、无所顾忌、数犯曹操之忌而招来了杀身之祸。

一次，曹操欲建造花园，动工前审阅设计图纸时在园门上写了一个"活"字，本是有意和工匠们斗智，工匠们不解其意，就去请教杨修，杨修一看便讥笑工匠们愚笨，并对他们说："门内添活字乃阔字也。丞相是嫌你们把园门造得太宽大了。"工匠们听后恍然大悟，于是重新建造园门，完工后再请曹操验收，曹操验收后大喜，问道："谁领会了我的意思？"左右回答：

"多亏杨主簿赐教！"于是曹操暗自埋怨杨修不识趣。

又一次，塞北有人给曹操送来一盒奶酪，曹操为了考考周围文臣武将的才智，就让使臣将那盒奶酪送给文武大臣。大臣们面对这盒酥，对曹操的用意百思不得其解，而杨修却把曹操的"一盒酥"给大臣们分吃了，还从容地回答："盒上明明写着'一人一口酥'，我等岂敢违丞相之命乎？"曹操虽然喜笑，而心头却已经对杨修之才有妒忌之意。

为了防范有人夜间行刺，曹操常吩咐左右说："我梦中好杀人，凡我睡着的时候，你们切勿近前！"有一天，曹操在帐中睡觉，故意落被于地，一近侍慌取被为他覆盖，曹操即刻跳起来拔剑把他杀了，然后上床复睡。睡了半天起来的时候，佯装惊问："何人杀我近侍？"大家以实情相告，曹操痛哭，命厚葬近侍。但没有想到的是，临葬时杨修指着近侍的尸体一针见血地说："丞相非在梦中，君乃试探耳！"杨修虽出于正义，但其极无策略地指责却招致曹操更加厌恶。

后来，曹操平定汉中时连吃败仗。欲进兵，怕马超拒守；欲收兵，又恐蜀兵耻笑，心中犹豫不决。适逢庖官进鸡汤，他就随口说了一句"鸡肋"，士兵们都不知道是什么意思，只有杨修马上开始收拾行李，并对别人说："鸡肋食之无肉，弃之可惜。现在的战局也正是这样，进不能胜，退恐人笑，不如早归。我料定魏王来日必要班师，所以先收拾行装，免得临行时慌乱。"大家听了觉得有道理，于是也收拾起来。

曹操见杨修又猜透了自己的心事，顿时恼羞成怒，命人将杨修抓起来说："你怎敢胡造谣言，乱我军心！"随后以"乱我军心"论罪，将杨修处斩了。

君王喜欢有人辅佐，却不喜欢被人超过。杨修虽然颇有才华，却恃才傲物、狂妄轻率、好耍小聪明。须知，这样高高在上的态度在虚伪奸诈、老谋深算的曹操面前是不会有好下场的。

一个人的聪明就是他最大的财富,只要懂得利用,财富就能不断发挥出它的价值,并且能够提升你的价值。厚道的人会选择让聪明在他擅长的领域闪光,并且能够让自己所有的努力为这个目标服务,只有这样,聪明的人才会利用好聪明,才能取得成功。

别太看重眼前的得失

厚道经

一些人适当地让自己有所"损失"、吃点儿亏,不是愚钝,是厚道。而这一时间的失去往往会给他们换来更为长远的利益。若只懂得斤斤计较,往往会在狭隘的自我思维中失去更多。

很多人在劝诫别人时常说"眼光要放长远",可一旦事情轮到自己头上就全然不是那回事了,更多的人似乎更看重眼前的利益得失,而这样做的结果在一时看来是有所得,但长远看来却是有所失。只有那些厚道的人才不会计较当前的利益得失,而是把眼光放到更远的未来。

其实,关于获得与失去之间的辩证关系,老祖宗早就为我们指出来了,那就是"塞翁失马,焉知非福"。在此,我们再重温一下这个故事。

古代,在两国边境的一个村庄里住着一位老翁,一天,他一不小心丢了一匹马,邻居们都为他叹息,觉得他遭遇了一件很不幸的事,可老翁却不以为然,他说:"你们怎么知道这不是件好事呢?"人们听他这么一说,都觉得老翁肯定是急疯了。

让大家没想到的是,几天过后,那匹丢失的马自己又回来了,而且还领回来一群马。

这下可把邻居们给羡慕坏了,纷纷前来向老翁道喜,还怂恿老翁大摆宴席,庆祝一下这件天上掉馅儿饼的大好事。

这次又出乎大家的预料,老翁不但不高兴,反而板着脸说:"你们怎么知道这不是件坏事呢?"老翁的话让大家感到很扫兴,人们都觉得这老头子没准乐疯了。

没多久,老翁的儿子觉得新马好玩,于是上马去骑,一不小心摔断了一条腿。众人都劝老翁不要太难过,老翁却笑着说:"你们怎么知道这不是件好事呢?"邻居们都糊涂了,不知老翁是什么意思。

日子一天天地过着,不久之后,由于两国发生战事,年轻力壮的小伙子都被征去服了军役,到战场上打仗去了,而老翁的儿子由于是个跛子才得以留了下来,他和自己的父母在家乡大后方平静地生活着。

这个家喻户晓的故事正是老子的《道德经》所宣扬的一种辩证思想。基于这种辩证关系,我们就可以明白,即使看起来很坏的"吃亏"也能为我们带来想不到的好处。而那些有"手腕"的人往往总是怕便宜了别人,可到最后吃亏的却往往是自己。只有厚道的人才不会因为吃一点儿亏而斤斤计较,他们知道,开始时吃点儿亏是为以后的不吃亏打基础;不计较眼前的得失是为了着眼于长远的目标。

1980 年,美国有一个叫希尔的年轻人去采访了美国最富有的人——钢铁大王卡耐基。卡耐基在与希尔交谈后,非常欣赏希尔的才华,于是就对他说:"我要向你挑战,在此后 20 年里,你要把全部的时间都用在研究美国人的成功哲学上,然后得出一个答案。但条件是:除了写介绍信和为你引见这些人外,我不会为你提供任何的经济支持,你肯接受吗？"

虽然没有任何的酬劳，但是希尔相信自己的直觉，于是便爽快地接受了挑战，且答应不要一丁点的报酬，为这位富翁工作20年。这在一般人看来，希尔简直是吃了大亏，因为这20年对于希尔来说无比珍贵，正是他年富力强、最能创造利润的时期。

最终的结果是，希尔获得了远比他应该得到的报酬还要多得多的回报。在接受挑战后的20年里，希尔在卡耐基的引见下访遍了全美国最富有的500名成功人士，写出了震惊世界的《成功定律》一书，并成为了罗斯福总统的顾问。

希尔之所以能够取得成功，就在于他不看重眼前的得失，这也是他能够取得成功的秘密所在。后来，希尔在回忆这件事情时说："全国最富有的人要我为他工作20年而不给我一丁点儿报酬。一般人在面对这样一个荒谬的建议时，肯定会觉得太吃亏而推辞，可我没这么干，我认为我要能吃得这个亏才有不可限量的前途。"

曾经有人问华人首富李嘉诚的儿子李泽楷："你父亲教了你一些怎样成功赚钱的秘诀吗？"李泽楷说，关于赚钱的方法，他父亲什么也没有教，只教了他一些为人的道理。李嘉诚曾经这样跟李泽楷说，他和别人合作，假如他拿七分合理，八分也可以，那么李嘉诚拿六分就可以了。

李嘉诚的意思是，让自己吃亏可以争取更多人愿意与他合作。你想想看，虽然他只拿了六分，但现在多了100个合作人，他现在能拿多少个六分？假如拿八分的话，100个人会变成5个人，结果是亏是赚可想而知。李嘉诚一生与很多人进行过或长期或短期的合作，分红的时候，他总是愿意自己少分一点儿钱。如果生意做得不理想，他就什么也不要，而是愿意吃亏。这是种风度，是种气量，也正是由于这种风度和气量，才有人乐于与他合作，他的生意也就越做越大。所以李嘉诚的成功更得力于他恰到好处的处世交友经验。

由此可见，真正的智者正是这些敢于吃一时之亏、不计较眼前利益的厚道人。

从自我的小算盘里跳出来

当你面临个人利益和全局利益发生冲突的时候，正确的做法是考虑如何决策才能保持双赢，而不是只为了保证个人利益的实现打着小算盘，却使全局利益受损。

说起算盘，大家都不陌生，它是我国传统的计算工具。那么"打算盘"则距离这层意思有点儿远了，打算盘指的是盘算、筹划。

不难发现，生活中不少人是很善于打小算盘的，他们会琢磨自己怎么才能获取更多的利益、获取的数额有多大；相应地，他们也会盘算怎么能让别人少获得一点儿他们相关利益。当目标实现，他们自然会心里暗喜。看上去，这类人似乎小算盘打得啪啪地响，但我们从另一个角度却不难发现，这些人往往只满足于眼前的小进步，争取的都是当前的小利益。此外，由于他们"算计"的对象都是某个个人或者小团体，从来不管大局是盈是亏、是进是退。

同时，我们也会发现另外一类人在社会生活中所占比重虽然不大，但最终力挽狂澜，并获取更多更大的利益。我们称这一类为厚道的人。他们遇到问题会跳出个人的小算盘来考虑全局，既做到对当前的情况心中有数，又能明确事物发展的变数。不仅如此，厚道的人还有着强烈的责任感和紧迫感，因此他们会将眼睛注视着大目标，想方设法为团体的整体发展付出自己的努力。

无疑，想法不同，所体现出来的思想境界自然也就不同，人生的态度也就会不一样，结果自然也就不一样了。

作为芸芸众生中的一个，我们和其他人甚至所有人在经历、遇到的事情、心理状态以及处理问题的想法上都存在某些共性。也就是说，当我们精于算计他人时，对方也正在用同样的方式对待我们。这样一来，就必然要求一方做出让步，这就显现出不同个体的为人处世的态度。

可以肯定，会有大部分人觉得自己不该是吃亏的那一个，所以，他们会紧盯着自己的小算盘，核计得失，想方设法保护自己的利益。厚道的人则不同，他们会把眼界放宽放远，以长远的发展为目标，宁肯牺牲自己的小利益，也会配合大局势的发展。

也许你会说，这不是傻子所为吗？其实绝非如此。这样做，表面看来是吃亏，但眼前小小的放弃会为他们创造更长远的发展和合作的机会，给他们带来更多的利益。如此一来，谁是真傻、谁是真聪明就一目了然了。

俗话说得好：山不转水转。我们每个人与其他人都可能有相遇、合作的一天，所以，我们应该学习厚道人的做法，不要过于计较，而是先和别人建立起一定的情谊，这不管对人还是对事都是有利无害的。此外，要从心理学角度而言，人们都不愿意同过于精明的人交往，因为总需要带着防备心，以免被对方算计。

其实，我们每个人的人生旅途原本是一种删繁就简的过程。更多的时候，需要我们大智若愚、谋取长远、抓大放小。因此，真正的智慧是厚道做人，而不是精明算计。

那些成天抱着一把小算盘、紧盯着每一个数字变化的人，就算他们一生不出差错，也难以清点美好的人生。

后汉开国皇帝汉光武帝刘秀因为一手扫平天下，光复了汉朝。刘秀在皇帝宝座上待了33年之久。这期间，他割据了如延岑、卢芳、公孙述之流的各方群雄，还有规模较小的刘永、李宪、董宪等也都在他即位后13年内被平定。

应该说，刘秀是个很会打仗的人，但是他却爱好和平。他偃武修文，废掉了郡国每年一度的会操，同时，在军费开支方面力争缩减。对于匈奴内迁，他不派兵制止，于是西域各郡长纷纷遣使进贡，甚至有些郡长派自己的儿子来当侍卫作为效忠的保证，并请求刘秀能够向西域派遣都护。可刘秀却婉辞拒绝了，他的理由是这样省得劳民伤财。

不仅如此，刘秀还打起节省刺史们旅费的算盘，让他们不必多旅行察看或进京报告。这样，刺史们就只好坐在各州办公，一举变成了太守国相之上的地方官，从而真的天高皇帝远，不再做中央朝廷的耳目，而是慢慢地破坏了集权与统一的汉朝制度。

由此可见，作为一个骁勇善战、重情重义的好皇帝，刘秀正是败在自己的小算盘上，他亲手拆散了自己辛苦打下来的天下，不可谓得不偿失。

位高权重的刘秀如此，其实生活中的我们也一样，如果总是精于算计小得小失，不停地打自己的小算盘，那么后果自然是不能令人满意的。正确的做法应该是从自我的小算盘里跳出来，将事情放在全局的背景下，认真分析怎么做合理、怎么做不合理。如果发现个人利益和大局利益发生冲突，那么我们应该考虑怎么决策能保持双赢，而不是只顾打自己的小算盘而使全局利益受到损害。

俗话说得好：不谋一域而谋全局，说的正是这个道理。也只有这样的厚道者才能做到纵横兼顾，从而成就一番大事业。

诽谤他人不能抬高自己

　　恶意诽谤他人的谎言往往会随着时间的流逝而被击碎，因为事实终归是事实，当真相大白的时候，诽谤者便会曝光于光天化日之下饱受难堪。

　　有人的地方就有比较、就有竞争，厚道的人能够正视这种差距，并会通过正当的渠道让自己取得进步，向比自己强的人学习。而有些人却不这样，他们心胸狭隘、急功近利，当发现别人比自己强、比自己优秀的时候，就会产生忌妒、憎恶之心，以致于在群体间对竞争对手进行诽谤造谣，试图让对方既丢脸面又损利益。

　　然而，事实上，后者的做法往往只能给他们带来短暂的心理平衡和满足，到头来他们很难真正实现自己的目的。只有前者这种厚道的人才会客观地对自己和他人进行分析，让自己通过合理的方式获取自己应该获得的利益。

　　不久前，某公司新招聘了一位负责行政和客服工作的女孩名叫安达。在安达进公司之前，她这个职位上已有好几个新招来的员工没过试用期就被开除了。而安达来了一个月就顺利地转正，成为公司的正式员工，随后又在不到半年之内获得了加薪，这让在公司待了 3 年多却没有升职加薪的财务主管王倩很不平衡。她怎么也想不通，公司不大，本来可以将财务和行政合在一起管理，再多招一个人真是浪费。

当然，这些都是王倩心中的想法，表面上她还是做出一副和蔼的样子，和安达愉快相处。生活上，王倩对这个小妹妹很是关照，经常给她带一些零食和小礼物，工作上也会主动帮助安达，并在相处过程中将一些"内部消息"告诉安达。

在这种友好气氛的带动下，安达工作得更加卖力，她不但完成自己的分内工作，还在其他时间为公司联系业务。由于安达的勤勉和聪慧，她拿下了非常可观的业务量，比一般的专职业务人员所完成的业务量还要多，这让总经理对安达刮目相看，并承诺给安达更高的提成比例。

安达很开心，把这个好消息立刻跟王倩说了，想和她一起分享这份喜悦，可让安达没想到的是，王倩却对她说了一番很丧气的话："安达，老总的话可信不得，他是典型的'葛朗台'，小气得很呢！说话从来不算数的，就会说点儿好听的哄人。我还没来得及跟你透露，前两天他还跟我打听你，说你在跑业务方面这么热心，会不会是和客户达成了某种契约，然后试图对公司做什么不利的事。"

听了王倩的话，安达的脸色一下子黯淡下来。

见安达脸色大变，王倩又转而安慰她说："你别太放在心上，说实话，你这么聪明能干，又年富力强，到哪儿不比这个小公司强？你不知道，咱们老板当面一套，背后一套，我是因为年纪大了，公司离家也近，所以才在这里混了几年。换作我是你，早另谋高就了。"

听王倩这么一说，安达有所触动，但第二天她依然如往常一样认认真真、开开心心地开展工作。见自己所说的话在安达身上没有任何"效用"，王倩有些奇怪和不安起来。

一周后的一天，王倩通过内线电话神秘兮兮地告诉安达："在我说下面的话之前，你别插嘴，只是听就行。"安达摸不着头脑，只好"嗯"了一声。王倩接着说："我昨天到老总办公室交上个月的财务报表，忽然听到老总和副总在谈论你那份业务拓展报告，其中他们说的一些话……我觉得很有针对性……似乎是对你不满，老总说你简直不知道天高地厚，一看就是纸上谈兵……他们这是有眼不识泰山，拿着别人费尽心血做的报告评头论足，真没劲！依我看，你还是尽早离开这里吧，这样下去对你没好处。"

挂断电话之后，王倩心里窃喜。第二天，她见安达果然没来上班，也没有请假，于是找了个借口去了老总办公室，她对老总又说起了安达的不是："安达今天没来，也没发个短信或打个电话跟我请假。之前她跟我说过这个公司小，待遇也不高，没有发展前途，看来是想另谋高就啊……嗨，现在的女孩子真不知天高地厚！"

老总听了王倩的话，微笑着点点头，继续问道："她还说公司什么了？"王倩煞有介事地说："您可千万别往心里去啊，她说您……对她有想法……"

老总听到这儿，哈哈大笑起来，这让王倩一时摸不着头脑。老总接着说："哈哈，没想到你还有这套编故事的本领，更没想到我居然会对自己的闺女'有想法'。好了，下周会有一位新的财务主管接替你的职位，你把工作跟他交代一下，然后领完这个月的薪水回家吧。"

一番话让王倩从飘飘然的云端一下子跌到了万念俱灰的谷底，她没想到自己对他人的诽谤不但没让自己达到目的，反而让自己丢了工作，毁了前程。

不可否认，同事、朋友之间讲几句"悄悄话"是联络感情的方式之一，然而却绝不允许到处不负责任地传播流言、搬弄是非。一些人变成了"广播站"站长，有事没事就在办公室竖起耳朵四处巡查，然后再把听到的又添油加醋传播出去，这样一来，花边新闻迟早会传到当事人的耳中，而受害者对传播"八卦新闻"的罪魁祸首的怨恨也迟早会发，因此，做人不妨厚道点儿，别耍小聪明，你周围的人其实没你想象的那么笨。当你的诽谤被击破，你在群体中的地位就会一落千丈，之后恐怕很难翻身。

有时候，我们自身也可能受到流言蜚语的困扰。要知道，当今社会难免有人喜欢利用诽谤的手段来中伤别人，他们是谣言的扩散源，以制造和传播流言为乐趣，希望以此抬高自己的地位。对于这样的人，我们所能采取的最好办法就是敬而远之，绝不能把自己的隐私告诉他们。到头来，这些造谣诽谤者最终不会有什么好果子吃，不但不会抬高自己，反而还会让自己落得一个不仁不义、不可信赖的坏名声，这样岂不是得不偿失吗？

古人说得好：流言止于智者。我们无法制止别人制造和传播流言，但是我们可以让自己成为"回收站"，流言传来了，我们就将它封杀并彻底清空，我们所处的环境就会少一些是非，多一分和谐。

没人会欣赏全身长满刺的孔雀

"卑而骄之"是老祖宗告诉我们的一种生存智慧,告诫我们在生活中应当切忌浮躁、骄傲,保持一颗谦卑的心。这不仅于我们的事业是一个发展的阶梯,更能让我们成为受欢迎的人。

俗话说:"君子藏器于身,待时而动。"虽说我们的聪明才智需要获得别人的赏识,但如果无所顾忌地、一味地显摆自己,就不免有做作之嫌了。那样就势必会引起别人的反感,自己的人际关系也就好不到哪里去了,谁会喜欢一只浑身是刺的孔雀呢?

然而在生活中,有些人总喜欢在别人面前炫耀自己的得意之事,总以为这样就会让朋友高看自己、使别人敬佩自己。殊不知,别人并不愿意听你的得意之事,因为你的得意衬托出别人的失意,甚至会让对方认为你炫耀自己的得意之事便是在嘲笑他的无能,让他产生一种被比下去的感觉,特别是失意的人,你在他面前炫耀自己的得意之事,他会更恼火,甚至讨厌你。

姜琪毕业于一所重点大学的经贸信息专业,不但能说一口流利的外语,人也长得容貌俊俏,身材苗条。每次在跟外商谈判中,姜琪都能应付自如,同事们都对她赞许有加,也羡慕不已。

相比之下,她的顶头上司——部门经理张敏比她逊色多了。张敏年届

40岁，体态有些臃肿，也没有姜琪的美貌和青春，中专学历的她自然谈不上什么外语水平，但由于早年进入该公司工作，做工作勤勤恳恳，管理水平也比较高，因受到公司老板的信任而担任部门经理。

在姜琪刚进公司的时候，张敏对她很亲切，但在一次跟外商谈业务的聚会上，姜琪出尽了风头，得意地用英语跟外商海阔天空地交谈，并频频举杯，充分显示出自己的高贵与美丽。事后，姜琪试图通过自己那天的表现来向领导邀功，她主动找到经理说："我作为一名重点大学毕业的高才生，英语水平在公司来讲也算是很高的，想必那天和外商交谈的情景您也看到了。因此我想，公司是不是该考虑提升一下我的职位，或者给我加薪？"然而，实际情况却是，这件事过去不久，姜琪就被调到了另外一个不太重要的部门。

面对不如自己的领导，姜琪犯了职场的忌讳——越位：在公众场合喧宾夺主、旁若无人地与领导抢"镜头"，使领导陷入尴尬的处境，领导当然不愿意把这样犯上的下属留在手下，势必会给她小鞋穿。

不可否认，喜欢炫耀自己、锋芒毕露的人大多是有一定才华的人，他们不甘寂寞，常在言语行动上争强好胜。中国有句俗话叫做"枪打出头鸟"，即指如果你什么事都要占尽优势，很可能会招致别人的忌妒，有时还可能在无意中伤害了别人，时间一长，难免造成孤家寡人的局面。所以你即使才华横溢，也不要到处炫耀，逞一时之快。

黎涛是一个很有能力的人，学历高，口才也很好，毕业后到一家公司做了一个职员，他很用心，也很勤奋，领导与同事都觉得这个小伙子不错。4年后，他凭借自己的努力升为项目总监，但相对于公司其他的员工来说，他的年龄并不是最大的，但却是业绩最好并且也是在管理层中最年轻的，大家都知道，他的前途一定不可限量，于是同事们见到他都不免赞美他几句，领导对他也是呵护有加，这样到了第5年，他的事业更是如火如茶,这一年,他成功地与一家外国大客户合作,为公司赚取了很丰厚的利润,这时,公司上下更是对他关怀备至。荣誉和赞扬来得太多了并不是一件好事,经常被人赞扬的他也觉得自己是无可替代的,心态上的转变也直接导致了行为上的变化,以往笑脸迎人、平易近人的他开始变得"飞扬跋扈",很多问题都不再听取别人的意见,所有事情都一个人做主,甚至在集体讨论时也开始变得咄咄逼人,甚至直接在会上否决了老总们的观点,老总们自然不快。黎涛的变化被同事们都发现了,便在私下开始暗暗讨论,领导对他也不像以前那般,没过多久,公司就新招来了一位总工程师,所有工作都重新安排,而只给黎涛安排了很少的工作量,甚至可以忽略不计,他很恼火,便想到了这可能是公司对他有意见的一种表现,于是他强按捺住自己去理论的冲动,开始反思自己。

于是第二天,他向总裁递交了辞呈,并和总裁详细谈了一番,他表示自己认识到了自己的问题,虚荣心促使他以为自己无所不能,甚至认为公司离不开自己,以此开始变得自以为是、骄傲自大,不断膨胀的欲望完全使他脱离了自己原本的价值轨道,他明白了这样一个道理:谦虚使人进步,骄傲使人落后,这句话谁都知道,但知道不代表能做到。当你没有任何名誉,没有任何价值时,无论你怎么夸大自己,别人也不把你当回事;当你对社会作出巨大贡献时,即使你走路再低头,别人也能认识你。他认为自己需要停下来,静一静自己的心。总裁并没有接受他的辞呈,而是给了他一个月的假,告诉他,做人和做事都应该做到一点,那就是胜不骄、败不馁,认识到问题就是好的开始,他不愧是他最看重的人。

通过黎涛的例子我们知道,在职场中切不要太自负,不要以为自己做出一点儿成绩就可以不按公司的规章制度走。成绩可以作为一种资本,但是人们更关注的是人的品质而非能力,如果一个公司在能力与品质之中择其一的话，那必然是后者。

所以，如果你不想失去朋友或客户，就要时刻注意把得意放在心里，而不是挂在嘴上，更不要把它当作炫耀的资本，这样只会令你失去更多。

不要总在别人面前炫耀自己的成就和好运，自恃才高而目空一切的人只会令人讨厌，而那些因身居高位、大权在握而自傲的人更是令人讨厌；不要动不动就摆出一副"伟人"的架势，以免令人作呕，也不要因为有人羡慕你而变得不可一世。

古人云：三人行，必有我师。在我们周围，每个人都有自己的优点，都可以成为我们的老师。既然如此，我们何不"择其善者而从之"呢？只有学会谦卑，我们才能保持一颗平常心，看花开花落，品人间百态；只有学会谦卑，我们才能纳万物于胸，高而不危，满而不溢；学会谦卑，会让我们得到更多。

因此，在与人打交道的时候，我们必须学会避免"骄傲式地说话"，同时对于炫耀的话要多听少说，免得成为别人厌恶的对象，千万不能做"满身是刺的骄傲孔雀"。

不要贪图不属于自己的利益

厚 道 经

> 只有生性厚道的人才能够产生灵魂上的超越,不贪图那些不属于自己的利益。其实他们最终换来的注注是别人更多的尊重和信任,也相应地会得到更多的财富。

我们的社会离不开"法",这里的法分为两种,其一是国家的法律法规,其二就是思想道德。一个缺乏道德观念的人往往会做出不道德的事。哪怕他知识渊博、能力超强,都不能算是一个完善的人,都会受到人们的鄙夷。我国传统文化中强调"人"与"事"联系的必然性,认为"什么样的人就会做出什么样的事",这也正是道德之于人的重要性和必要性。

一家钟表店的生意惨淡,很不景气。一天,这家钟表店外面贴出一张告示,上面写着:"本店有一批手表,不甚精确,每24小时会慢10秒,希望您看准再买。"

对于这一告示,人们议论纷纷,有的说老板真是傻得可以,怎么能把这样的大实话说出来呢?也有的说老板是个诚实守信的人,买他的东西会更让人放心。

当被询问为什么会这样做时,店老板给出的回答是:"我开店的原则之一就是诚实,如果不能如实相告,我自己的内心也不会原谅自己。"无

46

疑,正是在这种诚实品格的影响下,该店才有了出人意料的告示。

让人们没想到的是,就在告示贴出不久之后,这家钟表店的生意开始慢慢地好转,没过几个月,居然门庭若市、生意兴隆。其中,大多数顾客都被店老板的诚实态度所打动。

俗话说:做人要美,做事要精;立业先立德,做事先做人。做任何事情都是从学做人开始的。如果连人都做不好,还谈何事业?

魏福清在一家民营器械厂做机车工,由于厂子不景气,半年多以来都只能领到一半的工资。后来企业陷入困境,厂领导只好决定工人们轮着回家休息,也就是隔一个月来工作一个月。

这样一来,魏福清的收入就更少了,一家老小的吃喝都成了问题。

正在魏福清愁眉不展的时候,一天,小时候一起玩的伙伴刘大钢找到了他,魏福清这才知道刘大钢已经发财了。

原来,刘大钢自从高中毕业后就到深圳打工,奋斗几年后,在亲戚的帮助下做起了小生意,慢慢地生意越做越大,赚的钱也越来越多。发了财的刘大钢心里没有忘记生养自己的家乡和儿时的伙伴。这一次来成都,他打听到魏福清的地址就来了。

刘大钢说,这次回来他发现家乡的变化很大,他想在家乡小城开一个酒楼的分店,正好魏福清没有事做,对这里的环境又都熟悉,于是就想让他带着到处转转,看看合适的地段。

没过几天,在魏福清的帮助下,刘大钢选定了一处繁华地段的门面,面积为 300 平方米,租金 1 万元 1 月。刘大钢对此非常满意,他说要是在深圳,至少得四五万元才租得下来。

由于深圳那边事业繁忙,刘大钢就拜托魏福清帮他张罗装修的事,并留下了 30 万元钱作为装修费用,同时二人商定好,刘大钢负责出主意,魏福清负责操办,一个出钱,一个出力,利润是对半分。魏福清做梦都没有想到会有这么好的机会，于是就在工厂那边办了停薪留职，这样不但缓解了工厂的就业压力，而且自己还下海做起了生意。

刘大钢走后，魏福清就开始把全部心思投入到酒店装修的事情上。他联系了多家装修公司，进行货比三家、讨价还价。对于这项装修任务，几乎每个装修队都想"拿下"。

那天，魏福清回到家里，妻子就很高兴地告诉他，有个装修队的王经理下午来到他家，留下了 1 万块钱，还留了张名片，并说希望他多多关照。

魏福清看了看钱，认真地对妻子说道："这个钱我们不能要。"而妻子却劝他说："没关系，没有人会知道的，即使知道了也不是贪污公家的钱，不会犯法的。"魏福清还是坚持说，"人家刘大钢对我这么信任，我绝不能做对不起人家的事，我要对得起自己的良心。"妻子说，"无商不奸，奸商奸商，不奸赚不了钱。"

然而，魏福清还是拿上钱去找那位王经理了，并很快敲定了一个报价比王经理低两万多元、施工质量更好的装修队，装修完毕又忙着买厨房用具、桌子、凳子和汽炉火锅，每一次写发票的时候，魏福清也总是实事求是、认认真真。

虽说人品当不了饭吃，但人品确是我们的立身之本。一个没有良好人品的人，轻则会害了合作的伙伴，重则很可能让自己身败名裂。即便不会如此，他的良心也会因为亏欠而充满矛盾和不安。

网络上曾报道过一位名牌大学的博士毕业后很顺利地进入一家科研院所的研究部门做研究员。后来，他对待遇不满，就选择了辞职，然后受聘于一家给他高薪的企业，和他一同"跳"过去的还有他在之前单位里的机密研究成果。之后，由于发现机密被泄露，那家科研院所将这位博士告上了法庭。

背信弃义、品德低下的人是被人厌恶和鄙视的,是得不到好的结果的。为了眼前的一点儿小利益而耍点儿小聪明、小智术,从表面上看仿佛尝到了一点儿甜头,然而实际上却丢失了人格,且容易背负恶名,让自己臭名昭著,最后身陷困境、寸步难行。所以,我们要做一个厚道人,老老实实做人、踏踏实实做事。这是品格高尚的人立身处世的法宝,也是人生常胜不败的正途。

贪多求快,终成大害

厚道经

当我们斗志昂扬地向自己的"高理想、高目标"奋进的时候,免不了要经历"爬得越高,摔得越重"的悲剧。我们应该一步一个脚印地缓缓前行,因为"一口吃成个胖子"是不现实的。

有的人做事稳扎稳打,一步一个脚印;有的人则贪多求快,恨不得一口吃个胖子。起初,前者可能脚步慢一些,收获也似乎比后者小一些,但由于他们走得稳健、行得踏实,最终往往能取得比后者多得多的成果。

正如一位伟大的心理学家曾经说过的:只有把根深深地扎进地狱,才能更好地触及到天堂。努力打点好你生活中的一切,将自己的本职工作做到无可挑剔,这时候你再抬头看看,你所抱着的已经不是几个"果子"了,而是一棵参天大树。当然,这棵参天大树之所以如此茂盛,完全得益于其所结的苹果中养分的浇灌。渐渐地，这棵树会成为一架"天梯"伸向更高的领域，那些原本已经"极限"的工作已被轻松地踩在了脚下，回过头来，你会发现一切豁然开朗。

可以肯定地说，我们每个人都希望自己能够早一点儿学业有成，早一点儿创立一番事业，功成名就。为了这一理想，我们加快了奋斗的脚步，以致我们常常在自己或他人身上发现这样一种现象：之前的任务几乎还没实施完毕，就开始匆忙执行下面的计划了；今天的事还有待处理，就急着考虑明天、后天的事该怎么做；本职工作还没做得圆满，就琢磨着怎么挣"外快"……这正是人们"贪多求快"心理的直接反映，而有这种心理的人大多是一些精明过头的人。

房浩斌现在任职于一家培训公司的著名讲师。当年房浩斌上小学的时候，教他的是一位30多岁的男老师，因为是民办教师，所以工资很低，经济上比较拮据。为了补贴家用，老师就跟师母两个人将学校后山的那块自留地给开垦出来，种一些果树。

到了果子成熟的时候，房浩斌就和村里的几个朋友一起去帮老师摘果子去，大家在一起边聊天边劳动，往往不到半晌的工夫就摘满好几大筐了。

有一年秋天，正是苹果收获的大好季节，房浩斌跟几个朋友照例去帮老师摘果子，收苹果的贩子等得有些不耐烦，于是便提议说："大家现在比赛摘果子，看看谁能摘最多。"这个提议最后全票通过。接下来老师给他们每人一棵树的任务，谁先将自己那棵树的果子摘完，谁就赢得最后的胜利。谁如果能赢得最后的胜利，谁就可以得到3个苹果的奖励，而其他人只能拿一个苹果。谁如果是最后一个，就要给大家唱一首歌。

一声令下之后，大家都在自己"承包"的那棵果树上迅速地忙活起来。

刚开始的时候，大家的速度都差不多，但是随着树底下果子的减少，房浩斌这才发现自己的劣势，因为自己长得比别的朋友矮，所以他无法像他们一样轻松地摘取稍微高一点儿的果子，眼看着其他伙伴已经明显地超过了自己，房浩斌突然灵机一动，像猴子一样攀到了树上，一会儿的时间，他就迎头赶了上去。

看着自己已经快要装满的筐子，房浩斌暗自高兴："哈哈，我就要成为冠军了。"就在这个时候，突然"咔嚓"一声，树枝断裂，而房浩斌也被重重地摔倒在了地上，索性地上没有什么磕磕绊绊的东西，所以房浩斌也没有伤到哪里。老师和朋友们赶紧过来把房浩斌从地上扶起来，固执的房浩斌刚要站起来就要再次爬到树上去，他一定要赢得最后的胜利。

但是老师无论如何都不让房浩斌再爬了，孩子们都围在一起，老师看着小脸涨得通红的房浩斌，拍着他的肩膀说："有些果子不用你们去摘，到时候我可以搬个梯子来，大家只要摘够得着的那些就行了。"

后来，房浩斌考上了大学，成为现在的讲师，他经常跟他的学员说起这段经历。他说："直到很多年之后，我才慢慢开始领悟老师那句话的意思：理想和抱负在很多时候都会成为纸上谈兵，因为很多都是我们摘不到的'高处的果子'。有理想、有目标固然是一件很美的事情，但是不能好高骛远，想要一步登天，摘到最高处的果子，往往会让你摔得很惨。不妨去珍惜那些你能够摘得着的'果子'，生活才不会让你频频失望。更何况那些现在摘不到的果子，以后未必也摘不到。"

在生活和工作中，许多人就像故事中的房浩斌一样，易犯"贪多求快"的错误。在这些人看来，世界是一个运转速度越来越快的庞大机器，一旦自己跟不上它的运转速度，就会白白丧失掉很多机会，甚至遭到淘汰。

抱有这种态度往往会带来这样的负面影响：使你在还没有看清事物全貌，更没有做细致思考和分析的情况下就慌忙作出某种决定。这样一来，结果往往是采取的只是脑子里初步形成的办法，而不是最好的办法。

　　事实上，速度并不代表效率。许多人都追求迅速完成任务，却忽略了每件事都有其不好解决的地方，仓促执行下去，中途往往要栽跟头。因此，在付诸行动之前，应针对问题仔细分析、思考与研究，然后再确定进展速度。没有充分掌握信息就想正确而完整地估测一件事物几乎是不可能的。给自己充足的时间用以收集信息，或者将产品推到市面上接受考验之前，自问如何证明自己的决定是正确的。若能找到充分的理由和证据，则可大胆地说出自己的想法，执行自己的计划，否则，暂时就先老老实实地干自己的工作。

　　我们对马拉松比赛都不陌生，回想一下，那些起步时跑得最快、一时领先的人，往往最后成不了冠军。同样的道理，学业、事业的奋斗和进步与事业的开创，最后的结局如何可能和一时的顺利或成功关系不大，因此，你在追求功名时切勿心切，要想做成一番大事业千万别太贪心。只要你扎扎实实地做好眼下的事，经过一定程度的积累，必然会收获理想的果实，迎来成功的人生。

第 3 章

太聪明会失去大局，留点痴心能成大事

那些脑瓜精明的人往往会有舍我其谁的心理，不是看不起张三，就是瞧不起李四。不仅如此，他们还喜欢盯着捷径，只动脑子不动手。试问，谁愿意和这样的人合作？一个真正智慧的人，不管他是聪明还是愚痴，都会适时适度地保留一点"痴心"，着意去做一些看似很笨的事。因为他们明白，最终成就自己的往往正是这些看上去不聪明的事。

为人不可太精,聪明过头食苦果

厚 道 经

这个世界上从来就没有真正意义上的智者,而本来并不聪明却硬要自作聪明的人却不在少数,甚至比比皆是。厚道的人绝不会自作聪明,因为他们始终知道自己该得到什么、能得到什么。

古人说:为学不可不精,不精则荒废;为人不可太精,太精则招祸。其意义不难理解,旨在告诫我们做学问要精益求精,否则就会一知半解而导致荒废,而做人则不能太精明,否则就容易招致祸患。

然而,在我们的现实生活中,却往往有这么一些人总想在别人面前显露自己的才能和智慧。岂不知,如果总是如此,实际则是愚蠢的行为。所以,我们在生活和工作中不要自作聪明,而要装装糊涂。

一个人只有充分地认识自己、明确自己的能力,才能对问题做出冷静的判断,然后量力而行。这样的做法才是真正的聪明人所为。

说到底,聪明对任何人来讲都是一笔不小的财富,而其中的关键在于怎么运用这笔财富,它能让我们收获颇丰,也能够让我们损失惨重。

对于历史上"赔了夫人又折兵"的典故,大家都不陌生,在此我们一起回顾一下。

庐江舒城人周瑜和孙权的哥哥孙策同年。周瑜从小仪容清丽,长大后更是才学过人、资质出众。当年,曹操屯兵百万、虎视长江沿岸,东吴迫于形势压力, 议降者众多, 导致军心涣散, 而周瑜却力排众议, 绝不降曹, 这为他赢得了军心, 也赢得了威望。

作为 "三足" 之一的刘备, 其夫人已去世。周瑜知道后, 想出一个计策, 想要将孙权的妹妹嫁与刘备, 让刘备来入赘, 然后把刘备幽禁起来, 再派人去讨荆州换刘备, 等把荆州拿下, 再回过头来对付刘备。

周瑜打发吕范作为媒人前往荆州说亲。谁知, "智多星" 诸葛亮一听就知道是周瑜的计谋。诸葛亮让刘备答应, 并且让赵子龙保护刘备。在他们临行前, 诸葛亮还给了刘备 3 个锦囊, 里面藏着 3 条妙计。

等刘备来到东吴, 孙权的母亲见过刘备之后, 对这个未来的 "女婿" 很是满意, 便真心实意要把女儿许配给他。

可周瑜和孙权并没有想将此事弄假成真, 而又不敢公开囚禁和杀害刘备。更让他们恼火的是, 刘备劝说孙权的妹妹去荆州, 她欣然应允。于是, 刘孙二人商定趁着去江边祭祖的时机逃离东吴。周瑜得知这一消息后, 马上派兵追赶, 没想却被挡了回去。就在周瑜准备孤注一掷时, 只见诸葛亮早就在岸边等候了, 此时刘孙二人已经登了船, 朝荆州方向而去。蜀国的士兵看着积极追来的吴兵, 大叫 "周郎妙计安天下, 赔了夫人又折兵"!

这虽然是历史典故, 但确实为我们展现了自作聪明所带来的后果。周瑜自恃胜券在握, 不想 "赔了夫人又折兵", 实际上正是聪明反被聪明误的结果。俗语说 "偷鸡不成反蚀把米", 也正是说明耍小聪明不但得不到好结果, 还要做赔本生意、落人耻笑。

无独有偶, 在四大名著之一的《红楼梦》中, 有个女子也是文学作品中 "聪明反被聪明误" 的典型, 这个女人也是大家所熟知的, 即王熙凤。她为了使贾家振兴, 也为了自己的地位和利益, 处处有办法, 时时有主意。然而, 最终她的结局却甚为悲惨, 正应了书中对她的判词: "机关算尽太聪明,反误了卿卿性命。"

可以说,一个真正智慧的人往往是那种深藏不露的厚道人。他们往往心里有对策,却不会轻易地表现出来。而那些耍小聪明的人往往招灾引祸,结局悲惨。

曾经有一只大雁特别聪明,马上又要到冬天了,大雁们开始了南飞的行程,这只聪明的大雁觉得这样一直飞过去很费劲儿、很辛苦,于是它就偷偷地潜入飞机,不到几个小时的工夫,它就到了南方,而其他的伙伴们半个多月后才赶到。就这样,第二年的春天到来了,大雁们又要飞回北方去,这一次,聪明的大雁又乘飞机很快地回到了北方。两年后,这个聪明的大雁成了伙伴们学习的榜样。到了第三年,很多大雁都飞向了机场,机场随即采取了严密的防护措施,它们无法进入飞机,无奈大家只能再靠自己飞到南方去了,而那只聪明的大雁并没有随大家一起走,它留在机场,坚信自己会想到办法坐上飞机,但是20多天过去了,它依然没有乘上飞机。天越来越冷了,它心想:再不去南方就会被冻死的,没有办法,它只能自己飞去了。但在飞行的过程中,它感觉自己的翅膀很沉重,最后,寒流袭来,聪明的大雁身体冻僵,从高空摔了下来。

由此可见,当我们因为一点儿小聪明而获得一点儿好处后,便开始变本加厉地想方设法继续耍小聪明,而不再去靠自己的努力赢取成功,这样下去,迟早有一天会像这只"聪明的大雁"一样,想飞飞不得。

为人之要贵在勤奋、贵在落实。投机取巧、一味地耍小聪明只会产生更多的惰性,以致最终搬起石头砸了自己的脚。获取成功没有别的办法,只能实干,也要巧干,但不是耍小聪明。耍小聪明是无法持久的,最终吃亏的还是自己。

常给自己留一点儿"痴心"

厚 道 经

> 一个真正智慧的人,不管他是聪明还是愚痴,都会
> 适时适度地保留一点儿"痴心",着意去做一些看似很
> 笨的事,因为他们明白,最终成就自己的注注正是这些
> 看上去不聪明的事。

如果要做更大的事,光靠聪明是不够的,还要决心、毅力、格局、气度、勇气。不论你是聪明人还是痴人,常常替自己留一点儿"痴心",刻意去做一些看起来笨的事,凡事想长一些、想远一些。拥有太多的聪明是上天的恩宠,当然要感谢,但也是上天的陷阱,让你少了执着、坚忍的力量。最好的搭配是"一点儿聪明一点儿痴",用足够的聪明分析难易、好坏,但有时也要有耐性做一些短期看起来并不聪明,但长远有利、有益的事。决定每个人最终格局的关键是"痴",而不是聪明。

方晓冬是一个非常聪明的年轻人,又有国外的硕士学位,他一度是顶头上司徐新杰最看好的未来接班人选,但这件事最终没能如愿。

原来,徐新杰发现,方晓冬做任何事都能快速上手、表现杰出,但问题是刚熟悉一件事,他就开始想下一个职位,他的期待与要求总是比自己快,以致徐新杰曾一度自责是不是自己的反应迟钝,让一个有为的年轻人浪费了太多的时间、埋没了他的才气,于是徐新杰密切注意方晓冬的动向,以免再度犯错而被他先开口要求,落入后手,处境艰难。

结论是，方晓冬还是比领导急、比领导快，徐新杰的小心仍然赶不上他的急切欲望。最后徐新杰不得不承认，他实在太聪明了，聪明到在组织中很难有一个职位适用于他。于是，徐新杰不得不放弃这位让自己爱不释手的年轻人。

从案例中可以看出，方晓冬虽然才智过人，但只能说其才智有余而"痴心"不足，最终也只能让器重他的领导替他可惜。

在我们周围其实也不乏这样的人，他们的头脑转得比谁都快，也最容易想出做事的好方法，但同时他们也往往很急切地想看到成果，希望尽快获利。这样一来，自然就缺少了"痴劲儿"与"傻劲儿"，而使他们陷在"舒适"的泥淖中，拥有小成就，难成大格局。

某位知名人士曾说过这样一句话："慧女不如痴男。"在此，如果将这句话剔除性别眼光，是不是对上面这个案例最好的批注呢！这句话正是对这个案例的最好批注，实际上，"慧"不如"痴"，因为一个聪明人可能很容易在一段时间内做成某件事，但最终却往往成就不了大事业；而"痴心"的人看起来笨拙，但如果一点一滴地积累，最终往往能成就非凡的事业。

这主要是因为，痴心能让人甘愿做一些看上去笨的事，在此期间便可考验自己的能力、磨炼自己的毅力、成就自己的耐性。而这些，不正是一个成功的人所必备的品格吗？

诚然，聪明是上帝赋予的恩宠，但也是上帝布下的陷阱，让我们少了坚持下去的执着，少了坚韧不拔的力量。如果让聪明略微少一点儿，而增添一些痴的成分，那么我们离真正掌控人生的格局就不太远了。

生活需要一点儿"钝感力"

那些看起来傻傻的、笨笨的人,却一门心思踏踏实实做事、做人,让每一个和他合作的人充满信赖,这正是厚道人的"钝感力"在起作用。

"钝感力"一词源于日本著名作家渡边淳一的一本书的书名。"钝感",听上去似乎和迟钝、木讷等负面词汇近似,但它其实是"赢得美好生活的手段和智慧"。

和"钝感"相对的就是"敏感"。很显然,钝感说的是我们为人处世需要一种坚韧的力量,但不必把事情看得过重,也不要过分敏感。在《钝感力》一书的开头,作者用两个人对蚊子叮咬的反应来说明这种"钝感":人物甲被蚊子叮咬后,由于皮肤非常敏感,导致他无法忍受,然后不停地抓挠,最后造成皮肤溃烂;而人物乙则没有那么敏感,他没觉得多痒,于是泰然处之,反而被咬过的地方很快就好了。后者就是我们本节内容所要点出的主题——"钝感力"。

当今社会,聪明人比比皆是,因为人们都知道,在竞争如此激烈的社会环境里,自己不"多个心眼"很容易吃亏,于是恨不得时时处处跟别人要聪明。殊不知,太过聪明未必是好事,因为那些脑瓜精灵的人往往会有舍我其谁的心理,不是看不起张三,就是瞧不起李四。不仅如此,他们还喜欢盯着捷径,只动脑子不动手。试问,谁愿意和这样的人合作?而那些看起来傻傻的、笨笨的人却一门心思踏踏实实做事、做人，让每一个和他合作的人充满信赖。

在此，我们来看几个文艺作品中的案例，更形象地了解一下"钝感力"的含义。

电影《功夫熊猫》中的熊猫阿宝是一个迟钝的家伙，它穿着一条破裤衩，体形胖胖的，是面馆的小伙计，它最大的技巧就是把面条放在胳膊上。然而，就是这样一个傻乎乎的笨熊猫，最后却成了龙之武士，为人们带来了和平。实际上，阿宝的成功并非靠武林绝学，而是信心十足的"钝感力"。

《冰河时代》中的树獭锡德睡到日上三竿，才发现自己的同伴早就开始行动；在夏日的雨夜，他认真工作却被同伴嘲笑；它与火鸡争抢一个西瓜，结果打翻白眼了……看得出，锡德的行为几乎都会令我们开怀大笑。为什么如此呢？其实就是它那股白痴劲儿。而震撼我们内心的却是"白痴"能在残酷的世界里笑到最后。

还有一个比较典型的角色是《士兵突击》中的许三多，他是一个单纯而执着的农村孩子，在绿色的军营里摸爬滚打。因为他的笨，让全班战友跟着受累；因为他的认真，让全连战友为之感动；因为他的执着，让全营战士为他骄傲。"明明是个强人，天生一副熊样"，许三多看起来也许傻气，但他却做了很多了不起的事，最终成为"兵王"。

综合上面的案例来看，"钝感力"对于一个人最终能够在群体中获取怎样的"地位"有着至关重要的影响。作为一种为人处世的态度，相比激进、张扬、高调而言，有钝感力的人显得更恬淡、更内敛、更笃定。在竞争激烈、错综复杂的当今社会中，有钝感力的人更易控制浮躁情绪，更能求得内心平衡，也就更容易友好地与他人、与社会和谐相处。

需要指出的是，"钝感力"绝不可以和迟钝画等号，它指的是一种积极沉稳、宽宏大度的人生态度，在此支配下，人们能够具备应对外界干扰的耐力和抗衡浮躁社会的定力，能够以轻松恬淡的内心面对纷繁多变的社会万象。如此说来，我们何不让自己多一些"钝感力"呢？

大智若愚才是真智慧

真正的智慧不是显现在外的，愚钝的外表下有可能藏着非同一般的心。正所谓大智若愚，事实上，"若愚"的人可以在表面上降低外界对自己的期待，而实际上又超出了人们的期待。这样就更容易出其不意、引人重视。

每个人都向往超强的智慧、绝顶的聪明，但并不是所有人都能够理解和做到将聪明和智慧深藏不露，即"大智若愚"。

从字面上不难理解，大智若愚的意思就是具备很高的智慧，以至于接近于没有智慧的程度，表现出木讷、愚钝。

或许很多人对此感到困惑：智慧为什么要隐藏呢？如果不表露出来又怎么显得自己有智慧呢？

他们不知道，如果把智慧过于外露，虽然较容易让别人看到自己的聪明才智，但却称不上高级的智慧，否则就没有古话所说的"聪明反被聪明误"了。

其实，"大智若愚"重在于这个"若"字，"若"而不是"是"，即表明了并非是真正的愚,而是将真实的才华、权欲等隐藏起来,不轻易暴露。

从为人处世的原则来看,"大智若愚"体现为以静制动、以柔克刚。在日常生活和工作中,如果想要克敌制胜,就非常需要掌握和运用这种大智若愚的本领。这样就可以在不受干扰和戒备的条件下暗中积极准备,以有备胜无备;如果意图在于获得外界的赏识,那么这样做可以在表面上降低外界对自己的期待,而实际上又超出了人们的期待。这样就更容易出其不意、引人重视。

可以说,"大智若愚"是在庸常中表现出超凡,在暗中分析明处,在消极中体现积极。这样一来,大智若愚者就不容易受到他人的防备,从而更好地保护自己。

我们大都听过威廉·亨利·哈里逊这个名字,他是美国第9任总统。威廉·亨利·哈里逊出生在一个小镇上,他是个非常文静而害羞的孩子,平时不怎么说话, 以致周围的孩子们都把他看成傻瓜, 时不时地会捉弄他一番。比如,他们经常把一个5分的硬币和一个1角的硬币丢到威廉·亨利·哈里逊面前,让他任意捡起一个。威廉·亨利·哈里逊总是捡那个5分的,为此大家都嘲笑他,并经常和他玩这种"游戏",以此来取乐。

有一天,其中一个常捉弄威廉·亨利·哈里逊的孩子突发好奇心,就问道:"难道你觉得5分硬币的价值比1角硬币的价值还多吗?"

威廉·亨利·哈里逊慢条斯理地说:"我当然知道是1角硬币的价值多,不过,如果我捡了那个1角的硬币,恐怕他们就再也没有兴趣扔钱让我捡了。"

看了这个故事,我们不得不为威廉·亨利·哈里逊的小脑瓜叫好,他用自己故意装出来的愚钝换取了作为一个小孩子比较在意的一点儿利益,这其实就是大智若愚的最好体现。

的确,愚钝会让别人产生一种"你是弱者"的感受,往往容易让人产生良好的第一印象,从而放下戒备或者与之竞争的心理。其实,这样正是可以帮助大智若愚者减少外界压力的绝佳方式,因为别人很容易对一个弱者放松警惕或者降低要求。

在罗马帝国历史上,有一个叫塔克文的国王,他残暴地杀害了布鲁图斯的父亲和哥哥。布鲁图斯一心想为父兄报仇,他想出的办法不是荆轲刺秦王式的穷途匕首,也不是直捣黄龙的武夫之勇,而是装成了一个傻子。

据说,布鲁图斯装傻子装得特别逼真,以至于王宫上上下下都把他当作一个笑料,国王更是把他当作开心的玩物来对待。

当时,罗马有个美女名叫圣瑟雷提亚,本来已经嫁为人妻,可国王听说她漂亮,就把她抢进宫来。不过,这个美女拒不从命,为了贞洁和自由而自杀了。

布鲁图斯想方设法找到了美女的丈夫和父亲,要他们发誓为她报仇。那一刻,他揭去了自己身为"傻子"的伪装,随后用慷慨激昂的演说动员起人民,最终不但赢得了人民的拥戴,而且还获得了军队的支持。就这样,布鲁图斯终于推翻并驱逐了国王,结束了罗马的专制时代,建立了罗马共和国,而布鲁图斯则顺其自然地当选为罗马共和国的首席执政官。

案例中布鲁图斯的做法的确值得我们钦佩,他用若愚的大智,不但为自己报仇雪恨,而且还赢得了人们的爱戴,成为了新的一国之君。这种甘为愚钝、甘为弱者的做人方式实际上是精于算计的策略,他能够做到不露真相,从而达到麻痹和迷惑敌人的目的,然后再瞅准时机,一举将对方拿下。

说到底,做人做事都有一定的法则和技巧。我们只有掌握并运用这些规则和技巧,才更容易驱赶前进旅途上的障碍,更快更好地步入成功者的行列。

小事不计较，大事不糊涂

厚道经

人一生不应对什么事都斤斤计较，该糊涂时就糊涂，"心中有数(树)，就不是荒山。"但对重要问题、原则问题就不能糊涂，该聪明时就得聪明。

老祖宗早就告诉我们在为人处世方面要做到"小事不计较，大事不糊涂。"也就是说，在小事上不妨糊涂些，而真正遇到大事就需要保持清醒的头脑，关键时刻再显露自己的大智慧。

话很简洁明了，说起来也容易，可难就难在怎么做到这一点。我们不妨注意一下，在自己生活和工作的圈子里，能够做到"糊涂"的人是不是非常有限。这主要是因为大多数人尚未达到或者永远也达不到超然忘我的境界。

因为在我们的人生包袱里盛着小如芝麻绿豆、大如苹果西瓜等种种大事小情，而很多时候，人们的思想却总是停留在小事上面，被其缠绕，有时甚至影响到对大事情的判断和把握。

所以，对大部分人来说，"小事多糊涂，大事不含糊"是一句很有必要经常提醒自己的话。关于"糊涂"，鲁迅先生曾专门揭示了其真正含义，他说："糊涂主义，唯无是非观等，本来是中国的高尚道德。你说他是解脱、达观罢，也未必。他其实在固执着什么、坚持着什么……"

没错，正如鲁迅先生所说的"在坚持着什么"，其实表现出糊涂的人实际上往往比那些表现得聪明的人更聪明、更清醒。他们之所以要"糊涂"，是因为对事物参透得深刻，对那些对自己不利的人更有包容之心。

然而，往往这种"糊涂"的人很容易和周围的人打成一片，受到人们的喜爱和尊重。

当然，小事上装糊涂是可以，但遇到大事就不能糊里糊涂的，非但不能如此，而且要铆足精神、开动脑筋想出最有利于自己的解决办法。

王芳在一家报社任采访部主任，由于业务能力精湛，经常受到领导的好评，同时也深受同事们的钦佩。但俗话说"人怕出名猪怕壮"，王芳的优良表现还是引来个别人的忌妒，开选题会讨论选题的时候，他们故意指出王芳所报选题的不合理之处，想方设法刁难她。

对于这些，王芳心里很清楚，但她每次都笑脸相对、不慌不忙，也不带任何情绪地向大家叙述自己选题的可行之处。而且每次她都会向对她提出异议的同事表示自己的感谢。

那几个和她关系比较铁的同事对此看不过去，他们就私下里跟王芳说为什么不在主编那里"奏"他们一本，让他们赶紧离开报社。

每当听到这样的话，王芳都只是笑一笑，告诉好心的同事，这些都是小事，犯不着非得弄个青红皂白。她还安慰同事，大家在一起工作产生点儿小摩擦很正常，没什么大不了的。

如此看来，王芳真是个厚道之人，有着非同常人的心胸，但是她并非是好惹的人，就拿不久前报社改革的事来说，王芳的表现就足以让人对她的看法来个 180 度的大转弯。

原来，报社新领导上任，"三把火"之一就是改革采访部和编辑部，本来采编分离的制度要改为采编合一。这样就会裁掉一部分员工，尤其是采访部中只会采访写稿的记者最容易被裁掉。而对于这样的改革，大部分人都颇有微词，包括牵涉不到的部门也觉得不可理解。

因为，作为一份颇有影响力的大报社，又是每周3期，工作任务之艰巨可想而知。而版面的编辑和采访的记者本来就该各司其职，这样才能抓到更多一线的新闻，也才能编辑出更好的文章和版面。

就在这个消息即将公布之前，听到风声的王芳就找到了自己的上司马主编。王芳说出自己觉得这样改革不妥的想法，并且向领导摊牌：如果报社如此改革，她就辞去这里的工作，另谋他处。

作为采访和编辑能力都超强的王芳这个顶梁柱，报社是坚决要保护好的，如果她走了，报纸的半边天可就塌了。最终，领导层经过商榷，改变了当初的想法，只是进行了些许微调。这样，同事们的利益得到了有效的保障，大家更对王芳竖大拇指了。

可见，可以装傻，但不可以真傻，到了该聪明的时候就得聪明、该争取的时候就得争取。只有学会适时适当地藏和露，你才能在处理事情时游刃有余、进退自如，这也正是"小事不计较，大事不糊涂"最真实、最贴切的体现。

别时刻显示自己有多精明

> 真正聪明的做法是把聪明用在正当之处，用在最需要发挥聪明才智的地方。当深谙其中的道理后,你就可以做到适时适地地装一装傻，而不要总是拿着"精明"不撒手。

不可否认,几乎生活中的每个人都在追求着诸如功名、利益、事业、地位和家庭的成就。每个人的精力也几乎都集中在这些方面,为之不懈地奋斗和追逐。

显然,在为名利、荣誉而奋斗的过程中,时时处处都精打细算会让人们用最小的付出换取看上去较大的利益。可是人们却往往忽略了,一个精明干练的人往往难以获得大多数人的喜爱。相反,他们往往会遭遇一些无法预料的阻力,这对他们实现自己的目标和理想将颇有害处。

真正聪明的做法是把聪明用在正当之处,用在最需要发挥聪明才智的地方。不过,到底什么事可以糊涂?什么事不能糊涂?什么时候应该糊涂?什么时候不该糊涂?糊涂到什么程度才算恰到好处?这些问题说起来可是一门深奥的学问,若你能掌握其中的要领,那么你无疑便是一位真正的智者了。

春秋时期,有一次,楚王宴请众大臣一起喝酒狂欢。席间,不仅有轻歌曼舞、美味佳肴,还有美女作陪——楚王让自己的两位爱妾许美人和麦美人轮番为爱将们敬酒。

正当大家欢闹喧腾之际，一阵狂风吹来，把所有蜡烛都吹灭了，整个厅堂顿时漆黑一片。

黑暗中，端坐着的许美人突然发觉有人偷偷摸了一下她的纤纤玉手，气愤的许美人立刻把手甩开，并且趁势扯断了对方的帽带。然后，她摸着黑，匆匆回到楚王身边，附耳悄声说道："刚才有人趁黑调戏了我，那人的帽带被我扯断了。大王，您赶紧叫人把蜡烛点上，那个没有帽带的人就是侵犯我的恶徒。"

楚王一听，反而立马阻止仆人点燃蜡烛，他大声对所有人说："今天晚上，寡人非常高兴，寡人要与各位一醉方休。来！来！来！大家都把帽子扔了，痛痛快快地喝酒！"

当蜡烛重新点亮的时候，发现一地的帽子。既然所有人都没有戴帽子，也就无人知道那个轻薄许美人的人是谁了。就这样，楚王保全了轻薄者的颜面。

后来，楚王带领人马攻打郑国，有一位将领独自率领几百人过关斩将、奋勇杀敌，为楚王杀出了一条血路，直捣郑国的都城。而这位将领、正是当年轻薄许美人的那位。因为楚王的宽恕，他感激涕零，至那日起，便誓死效忠楚王，为楚王开辟了疆土。

楚王用自己的智慧上演了一出"揣着明白装糊涂"的戏码，为此他保全了那位轻薄许美人将士的颜面，而为自己后来战胜敌国种下了"善因"。试想，如果当时楚王不这么做，而是凭借自己是一国之君将此人严加惩处，那么不但会让文武众臣大为扫兴，而且事后也未必能如此顺利地攻下敌国。

无独有偶，有着一代奸雄之称的曹操也做到了适时适度地"放下"自己的聪明，变得"糊涂"起来。例如，曹操在焚烧他的下属私通袁绍书信的事上就做得很漂亮,成了中国历史上非常有名的一个"糊涂家"。

公元 200 年,曹操在官渡之战中将袁绍打败。随后,在收缴袁绍的往来书信中,曹操发现了自己手下的一些将领给袁绍写的信。对此,曹操的内心荡起波澜,顾虑重重,但他并没有就此事展开调查行动。

这件事在别人看来,其实正是一个查明内部有无"奸细"的最佳时机。但曹操认为,即使查出来,对自己的事业也不会有任何好处,只会引起人心惶惶,甚至有可能造成军心涣散。

曹操知道,袁绍被自己击败了,当初的那些不稳定因素也就没有了念想。而这个时候自己正处于事业的开始阶段,很是需要人手,一旦调查此事,内部肯定会滋生恐慌情绪,从而不容易稳定局面。

考虑再三,曹操决定在这件事上"糊涂"一把。当着大臣们的面,曹操把收缴来的信全都付之一炬,并对大家说:"当绍之强,孤犹不能自保,况众人乎!"

显然,曹操用"糊涂"和大度告诉那些不稳定因素:自己理解他们的想法,作为君王的自己尚且不能自保,何况将士们呢!说这样的话、做这样的事实在是得高明,让我们不得不慨叹曹操之真正精明之所在。

由此可见,身为君王的人都需要学会不显露精明,何况现实社会中作为凡夫俗子的我们呢!当深谙其中的道理后,我们就可以做到适时地装一装傻,而不要总是拿着"精明"不撒手。

对于非原则问题不要太较真

厚道经

做人固然不能玩世不恭、游戏人生,但也不能太较真、认死理。"水至清则无鱼,人至察则无徒"正是这个道理。对于那些非原则性的问题不要太较真,这样的做法才是真正的聪明之举。

对于"水至清则无鱼,人至察则无徒"这句体现处世哲学的话,我们早已不陌生了。然而在现实中,我们依然会看到或者遇到"至察"之人,这些人往往精明能干,但遗憾的是,他们往往都是孤军奋战,周围没有朋友,只是一个人在唱"独角戏"罢了。同时我们也会发现另外一些人,他们虽然看起来厚道、老实,但不管走到哪里都人缘很好,当遇到困难后也往往能得到别人伸出来的友谊之手,帮自己走出困顿的局面。

对于这样的现象很容易理解,正是因为有些人太较真而让别人产生了压力,和这样的人交往很不舒服,所以人们就会远离这些人;而那些人缘好的人则多是因为他们不斤斤计较,从而赢得人们的好感和尊重。

所以说,人生在世,对于那些非原则问题,我们还是不较真为好,这样更容易为我们带来好处。如果为人太精明了,反而会让人更加提防、讨厌,无形中为自己增加了在社会上生存的困难和障碍。

清朝末年,曾国藩借剿杀太平天国的功劳而成为一代重臣,引起了慈禧太后等高层权贵的猜忌。他是用什么办法来逃过"功高震主"这一悲剧结局的呢?其妙招就是"装傻"。

后人都说曾国藩起家靠的是 13 套本领,其中 11 套没有留传下来,传世的只有一部相书《冰鉴》和另一本《家书》。可是,他的家书几乎全部是不厌其烦地嘱咐家里的人哪几亩菜地该种了、该锄了,特别要养好猪,因为不养猪就算不上一户人家……

然而,别小看曾国藩写的这些鸡毛蒜皮的小事,只要把他所处的地位和清王朝最高层对他的提防之心联系起来,就不难明白他这一手的确很妙了。

在镇压太平天国的过程中,当曾国藩第一次攻克武汉后,咸丰皇帝十分高兴,情不自禁地称赞了他几句。当时,身边有一位满族大臣却说:"如此一个白面书生,竟能一呼百应,恐怕未必是国家之福吧!"咸丰帝一听,脸上的笑容马上消失了,久久沉默不语。

当慈禧太后以一个女人之身当政后,对曾国藩更是大加提防。

在受到猜疑的时候,曾国藩还采取了其他一些应对措施,如裁减军队、主动让出一部分兵权、把南京的防务让给八旗兵而军饷则由自己拨给,等等。这些办法虽然使他在权势和金钱上都受了损失,但却使他更加受到朝廷的信任,也避免了杀身之祸。

人们不管自己是机巧奸猾还是忠直厚道,几乎都喜欢傻笨、不会弄巧算计、过分精明的,这是一种普遍的人情心理,所以要学会装傻,也就是像曾国藩一样表现出"大智若愚,大巧若拙"。

可是,装傻对很多人来说十分困难,因为大家都喜欢表现自己,想让自己在别人面前显得很精明。有的人不懂得如何装傻,有的人则根本不愿意装傻,最终落得"聪明反被聪明误"的结局。

周末的一天，林晓东接到同事王志峰的电话，王志峰想约他出去喝酒。林晓东心里有点儿疑惑：王志峰刚结婚没多久，正是小俩口如胶似漆、缠绵难舍的时候，周末不在家陪老婆，却约自己喝酒？虽然这么想，但林晓东还是答应了。

见面后，林晓东得知，王志峰是和老婆吵架才出来喝闷酒的。出于关心，林晓东询问了原委，原来是王志峰结婚后发现老婆有很多地方让他无法容忍，比如没有把钥匙和手机放到固定的地方、在电脑桌面总是放很多不用的文件且不及时清理，等等。林晓东听完后跟王志峰说："你的老毛病又犯了。"

原来，王志峰是个对人对事过分挑剔的人。在工作中，打印一份材料不能有错别字自不必说，就是使用字体、字号、颜色等也不能有丝毫偏差。王志峰对自己这样要求，对别人的缺点同样不能容忍。上至领导，下至一般职员，在他眼里人人都有毛病。因此，无论是不是自己分内的事，只要他看到了，就会不由自主地帮人家改正，被帮的人却未必领情。这样一来，他与同事的关系也搞得很尴尬。由于王志峰的个性使然，所以人们见到王志峰总是敬而远之，久而久之，他的朋友越来越少。

往往我们在对别人过于挑剔和精打细算时，别人也会在对立面与我们不谋而合。这样的情况下，总得有一方做出让步。如果都像故事中的王志峰这样，不管是工作还是生活、无论是同事还是朋友和家人、都难以和其愉快地相处下去，到头来，恐怕只有后悔的份。

从心理学角度讲，人们也不喜欢与过于精明的人交往。为什么？因为怕被算计。人活在这个世界上，原本是一种删繁就简的过程，许多时候应该大智若愚，谋的是长远的利益，是抓大放小的做法。

做人离不开精明，但这种精明更多是保持一种放眼长远的健

康心态。那些每天抱着一把小算盘、眼盯着每一场买卖死缠烂打的
人,就算终生不出一点儿差错,得出来的也绝不会是幸福人生的准
确答案。

第 **4** 章

放下身段不会让高贵者变得卑微

爱摆架子的人都是不受欢迎的。相反,只有把自己放低,拥有一种"归零"的心态的厚道人才更容易被人接受,得到别人的爱戴和支持。当你学会了低头,你就能够使自己迷途知返,就会找到正确的前进方向,从而摘得胜利的果实。可以说,低头是一种智慧,也是一种胜利。学会低头,才能巧妙越过层层荆棘;只有低头而行,才是立身处世不可或缺的绝密法宝。

把自己放低是一种修养

厚道经

　　把自己放到低处,能够让你更为快速地成长,也能让你找到更多成功的方法。因此,你要让自己像大海一样把自己放低,这样你才能兼收并蓄、容纳百川。

　　我国民间有句俗语:"牛大马大值钱,人架子大了不值钱。"其中的意思就是说爱逞威风、摆架子的人是不讨人喜欢的。

　　"哎呀!真受不了我们部门的那位同事,动不动就显示他的硕士学历。他越是这个德行,我们就越懒得理他。"

　　"我遇到一个讲话特能拿调的人,好像全世界只有他是第一,真让人受不了。"

　　相信在现实生活中,我们经常会听到类似上面这样的议论,我们身边也不乏这样的人。在这些人的内心深处,总是希望别人对自己敬畏三分。而他们不知道,正是因为这样,自己的人生道路也会越走越窄。要知道,一个人的身份和地位不是自己制造出来的,而是被别人支撑起来的,只有把自己放低的厚道人才会得到人们的拥护和支持。

　　苏碧柔因为工作业绩突出被晋升为分公司总经理,在上任时的欢迎酒会上,苏碧柔既不喝酒又不善辞令,与下属们几乎没有什么交流。

　　因此,下属们都认为这位新领导高傲不易相处、爱摆官架子。想到这里,大家心里不免都敲起鼓来,觉得以后的日子会很不好过。

　　苏碧柔正式上任后,下属们都对她敬而远之,在工作上也不是很配合她,这直接导致苏碧柔的工作陷入了孤立被动的境地。

　　元旦时,公司举办了一场元旦晚会。在晚会上,苏碧柔出乎意料地献唱了一首歌,赢得了满堂喝彩,苏碧柔这一举动迅速拉近了与下属们的距离。不仅如此,苏碧柔还主动与下属们讨论回家过年的事情。

　　在热烈的讨论中,有一位下属突然对苏碧柔说:"苏经理,平常看您总板着个脸,一副不苟言笑的样子,还以为您是一个爱摆官架子的人呢,现在才发现,原来您挺温和、挺平易近人的嘛。"

　　苏碧柔听了下属的话后,这才恍然大悟,意识到自己这几个月来工作进展之所以如此艰难的原因所在。

　　从那以后,苏碧柔在工作中非常注意自己的言行举止,与下属见面也不再面无表情,而是微笑着主动与他们打招呼。慢慢地,下属们都看到了这位新领导温和体贴的一面,其往日的官架子也荡然无存,因此,下属们与苏碧柔的交流也随之多了起来,工作上也开始积极地配合她,苏碧柔的工作开展起来也越来越顺利。

　　此后不久,苏碧柔又组织成立了一个业余文化活动中心,经常召集下属们一起打球、唱歌、做娱乐活动等等,这为苏碧柔赢得了更多的"民心",下属们都乐意和她亲近,有事都喜欢跟她交谈。至此,苏碧柔完成了从过去"高高在上"的形象到如今亲民形象的华丽转身。

　　在苏碧柔的管理领导下,分公司的业绩蒸蒸日上,因此,苏碧柔也被提拔为总公司的总监。升为总监后,苏碧柔继续贯彻自己的"亲民政策"。

　　在年底的酒会上,为了让大家释放压力、玩得更尽兴,主持人临时想出了一个恶作剧环节,就是在某个员工不防备的情况下将其抛到游泳池中去。

　　董事长同意主持人的提议,并征询苏碧柔的意见。苏碧柔听后,并没有立即作出回应，而是转过身对员工说："主持人太坏了，竟然让我这个名副其实的旱鸭子下游泳池游泳，真是……"话还没完，苏碧柔就假装脚下一滑跌进了游泳池，引来在场的员工们哈哈大笑。

事后，董事长问起苏碧柔："你完全可以找一个下属去表演，为什么非得自己这样做呢？"苏碧柔笑着回答道："如果捉弄下属，而自己却高高在上，摆出一副官架子，会让下属很不是滋味，也会让自己失去民心。"苏碧柔的话让董事长大有感触，也明白了体恤下属的重要性。

从苏碧柔的经历中，我们不难看出，在职场中，那些高高在上、爱摆官架子的领导往往得不到下属的尊敬和拥戴，相反，那些面对下属温和、不摆架子的领导却往往能得到下属的拥护和支持。

其实，混迹职场也好，置身生活也罢，爱摆架子都是不受欢迎的。相反，只有把自己放低，拥有一种"归零"的心态的厚道人才更容易被人接受，得到别人的爱戴和支持。下面这个案例或许能让我们对此有更深一步的认识。

从前，有一位秀才甚爱绘画，可是苦于身边没有高人指点，无法增进他的作画水平，于是他便周游四方、寻师学艺。

可是，转眼两年过去了，他走了很多地方，也见了很多名师，却始终没有遇到他心目中认可的高人，所以他感到非常苦恼。

有一天，他正巧路过一座寺院，因为天色已晚，所幸也就借宿其中。在与寺院方丈的交谈中，他就把自己的"遭遇"说于了方丈。

方丈听完后说道："我非常喜欢茶具，你既然会作画，能不能为我画一幅关于茶艺方面的画呢？"

秀才欣然地答应了方丈的请求，在行李中拿出笔墨纸砚，刷刷几笔，很轻松地就画出了一套精美的茶具，特别是画面上方，由茶壶倾泻而下直入茶杯的水柱简直栩栩如生。

方丈看了看,微笑着说道:"不好。"

秀才有点儿不明白,于是便问:"哪里画得不像吗?"

方丈说:"像倒是很像,只是位置画错了,如果把茶壶画在下面,把水杯画在上面就对了。"

秀才这时哈哈大笑,说道:"老方丈,你是不是老糊涂了?如果把茶壶放在低处,把茶杯放在高处的话,怎么往茶杯里倒茶水啊?"

老方丈这时很认真地对秀才说:"年轻人,你这不是什么都懂嘛?为什么会求不到师父呢?"

这位秀才过于自傲的心理便是他求不到师父的主要原因,既然为了拜师学艺,就该把自己放在求学者的位置,一味地高居不下,又怎么会把所谓的"高人"放在眼里呢?

把自己放低是一种智者的风度、一种贤者的修养、一种强者的谋略、一种明者的胸襟、一种仁者的情怀。把自己放低,懂得内敛与谦和,不仅可以让人暗蓄力量、悄然潜行,在不动声色中成就事业,还可以让自己迅速融入人群,赢得人们的尊重,与人们和谐相处。

懂得低头，才能少走弯路

厚 道 经

　　伟大教育家、思想家孔子告诉我们："三人行必有我师。"这就是要我们学会低头去向他人学习。低头既是厚道做人的一种体现，也是为人处世的一种智慧。

　　在现实生活中，更多的人可能更注重百折不挠的精神和坚贞不屈的毅力，认为有了这些品格就能够跨越前进路上的艰难险阻而走向成功。然而实际上，这固然是成功必不可少的因素，但却忽略了很重要的一点，那就是懂得低头，低头同样是一种勇气。

　　当你学会了低头，你就能够使自己迷途知返，就会找到正确的前进方向，从而摘得胜利的果实。

　　在一座深山上有一座大寺庙，庙里住着一位得道高僧。高僧年事已高，便寻思着找一个得力的接班人。一天，他把自己最得意的两名徒弟叫到跟前来，一个叫慧净，另一个叫空尘。高僧对他们俩说："你们二人若谁能凭自己之力从寺院之后的悬崖底下爬上来，谁就有资格担任下一任的住持。"

　　慧净和空尘一同来到悬崖之下，抬头一看，只见悬崖陡峭而险峻，令人望而生畏。

　　身强体健的慧净二话不说，立马振奋精神开始攀登。但是，刚爬上去一点儿，他就滑了下来，然而慧净再次爬起，再接再厉，这一次他格外地小心谨慎,但悬崖实在陡滑,他还是从上面滚落了下来。就这样,一次接一次,尽管摔得鼻青脸肿,慧净还是不放弃……

虽然功夫深,但铁杵还是没能磨成针。最后一次,慧净拼劲了全力,都抵达半山腰了,但终因气竭又无处安歇而重重摔了下来,当场昏迷,不省人事,众僧连忙手忙脚乱地把慧净抬回寺院去抢救。

慧净淘汰后,便轮到空尘了。一开始,他跟慧净一样,不管如何努力攀爬,总是跌下山坡。当空尘紧抓绳索站在一个山石上准备再试一次时,不经意地低头向下看了一眼。突然,他松开了绳索,跳下山石,拍了拍一身的尘土,整了整凌乱的衣衫,一声不吭扭头便向山下走去。

围观的众僧都万分不解,心想:难道空尘想就此放弃了吗?对此,众僧议论纷纷,只有高僧一人站立一旁,默默地看着空尘远去的背影。

空尘到了山下,便开始沿着一条潺潺的小溪顺流而上,一路穿过森林、越过峡谷……最后轻而易举地登上了崖顶。

当空尘重新出现在众僧面前时,所有人都认为他会被高僧狠狠痛骂一通,甚至逐出寺门,因为他贪生怕死、临阵退缩。谁知,高僧却微微一笑,大声宣布:"由空尘担当新一任住持!"

众僧面面相觑,对此难以置信。

这时,空尘向同门师兄弟们解释道:"此悬崖陡峭险峻,非人力所能攀爬。但是,只要站于山腰低头向下看,便能发现玄机:有一条通上悬崖的山路。"

高僧点了点头,满意地说道:"若为名利所驱,心中便只有眼前的悬崖峭壁。若自己在心中设下牢笼,轻者苦恼伤神,重者伤筋损肢,更甚者会粉身碎骨。"说完,高僧便把衣钵和锡杖交到空尘手中,并意味深长地对众僧说,"进退取舍乃圣人之道。攀爬悬崖不过是在考验你们的心境,能学会低头、心中无阻、顺天而行者便是我中意之人"。

这个佛家故事给了我们深刻的启迪。现实中,执着于勇气和信念的人不在少数,他们坚定不移地往前使劲冲,却不懂得"低头"审视,往往结果就如慧净一般,费了九牛二虎之力仍无法达到心中向往之地,落下个满身伤痕又一无所获的下场。

其实,在本想成功的目标面前,有时我们缺少的并非勇气,而是一份"低头看"的从容和淡定。低头,并非意味着对信念的放弃和迟疑,而是为了令自己拥有更多选择的机会和回旋的余地。

低头是一种智慧,也是一种胜利。一个成熟的人应该灵活圆滑,懂得适时低头,心里要明白何时该进、何时该退。

富兰克林年轻的时候,跟大多数人一样年轻气盛。有一次,他去拜访一位德高望重的老前辈。他抬头挺胸,迈着大步,就这样,雄赳赳、气昂昂地走向老前辈家。在进门时,他高昂的头颅狠狠撞上了门楣,疼得他一边不住用手揉搓额头,一边气恼地看向那低矮的门楣。

这时,老前辈恰巧出来迎接他,看到了他的狼狈样,便笑着说:"很疼吧!不过,你不应该气恼,因为这是你今天拜访我的最大收获。"见富兰克林不解地看着他,老前辈解释道,"一个人若想太平无事地活在这个世上,就必须时刻记住该低头时低头。不低头,只能被撞得头破血流,这就是我要告诉你的人生规则。"

富兰克林把这件小插曲铭记于心,在以后的为人处世中,他变得谦虚谨慎,并将"学会低头"当成自己人生的进退准则之一,并从中获益匪浅,终成一代伟人。

正如故事中的老前辈所言,我们要想进入一扇门,就免不了要顺应门楣,低头而过。同样地,如果我们要登上高峰,就免不了低头弯腰、奋力攀爬。可见,低头是人生必须要遵循的一个进退守则。

虽然说做人要铮铮铁骨,但做事却没必要总是昂着高贵的头。一个真正优秀的人,就应该懂得适时调整自己的步调、节奏和策略,就应该"见风使舵",而不是不知变通地横冲直撞。他们知道,低头也是一种胜利。

所到底,低头其实是为人处世中一种退让的艺术,而掌握这种高超的艺术是现代人在交际生活中的必备素质。人活一生,要经历千坎万坷。前方洞开的大门不一定能完全容下你的身躯,甚至还会遭遇额外的阻碍,迫使你不得不碰壁或伏地而行。如果你一味地钻牛角尖,不但会被命运拒之门外,甚至需要付出更为惨痛的代价。由此说来,学会低头才能巧妙越过层层荆棘;只有低头而行,才是立身处世不可或缺的绝密法宝。

永远别认为自己大材小用

厚道经

真正的金子不会抱怨自己大材小用，而是遵循"物竞天择，适者生存"的自然法则，努力去适应环境，并创造更好的环境。要知道，与环境相比，个人的力量是极其微小的，没有理由抱怨。

在生活中，我们经常可以听到一些人在抱怨自己大材小用，明明是块金子，却被当做砖头来使。这些人抱怨的时候却没有从自己身上找原因，反而把责任都归咎到外部环境上。岂不知，这种认为自己"大材小用"的人是在为自己掘一个可怕的陷阱，而失败就在陷阱中潜伏。

王启昌刚刚毕业就进入一家业界数一数二的公司上班，他的同学和朋友都羡慕得不得了，王启昌也感到非常骄傲，他接到录取通知书后就对朋友说："你们等着瞧吧，公司将会因为我的到来发生翻天覆地的变化，也会因为有我这样聪明的员工而感到光荣。"

王启昌以为，以自己硕士研究生的学历和学校里取得的骄人的成绩，公司肯定会把他安排在管理者的岗位上，然而他万万没有想到，上班第一天，他就被人领到了公司下属的一个工厂里当维修工，维修工作又脏又累，而且很不体面。刚上了几天班，王启昌就一肚子的抱怨："我堂堂一个硕士研究生，让我干这种工作，老板真是瞎了眼。""这活儿真不是人干的，太累了，要让我同学知道了，还不嘲笑死我啊。""老板真缺德，我讨厌死这份工作了，而且工资又那么低。"有了这些想法，王启昌就开始不好好工作，每天都在抱怨和不满的工作情绪中度过。

和王启昌一起被派到工厂里的何涛也是一位研究生，看上去有些呆头呆脑，每天除了傻呵呵地笑和埋头工作，从来不抱怨自己的工作多么苦，反而常常开导王启昌："没事的，咱们就把这份工作当成积累经验好了，在基层能学到很多东西呢。其实，我觉得咱们应该感谢公司和老板，是他们给了咱们第一份工作，咱们应该感到满足才对。"

王启昌本来就不给何涛好脸色，听了他这番话，更觉得何涛"有毛病"了，于是翻着白眼嘟哝着说："你傻不傻啊，就这，你还能高兴得起来？真没出息。"

然而，几个月后，何涛被提拔到了管理岗位上，而王启昌还是一个维修工，王启昌非常不满，他又开始抱怨："什么破公司啊？何涛这样的傻蛋都能被重用，为什么不提拔我呢？"王启昌抱怨的情绪越来越重，对待工作也就更加消极了。

年底的时候，由于金融风暴的影响，公司需要裁掉一部分员工，而王启昌成了第一个被裁掉的人。

就工作本身而言，任何一个岗位都有其特定的意义和价值。如果以自己学历高、资格老等"硬件"条件来衡量是人尽其才还是大材小用，那么很可能会出现故事中王启昌这样的局面。当认为自己大材小用的时候，就会产生不平衡的心理。这样一来，对于工作就不会全心全意，最终的结果也就可想而知了。而那些在任何时候都不去抱怨自己职位低、薪水低的人，却往往能心平气和地把精力和才智运用到工作中，从而创造出骄人的成绩，如此，升职加薪也就顺理成章了。

所以，当你被放置于一个和自己本身的实力有一定悬殊的位置上时，千万不要埋怨这或抱怨那,而应该放低自己的姿态。如果你能做好普通岗位上的普通事,你的视野往往会更加开阔,你的工作乃至你的整个人生才会有意想不到的机会。

刘大勇从小品学兼优,从一所名牌大学毕业后,周围的人都认为他会进入一家大公司,谋求一个好职位,将来必定干出一番大事业。

后来,刘大勇的确有了成就,但不是在"大事"上。原来,刘大勇毕业的时候正值金融风暴袭击全球。他发现就业形势不容乐观,尤其自己学的是金融专业,想进入像模像样的公司并不是特别容易,更何况即使进去,以后的日子也未必好过。

一个偶然的机会,刘大勇听一个老乡说家乡的臊子面馆生意很好,他就想:我是不是可以在上了4年大学的青岛开一家呢?经过一番调查了解,刘大勇觉得在这里开臊子面馆可行,于是就向同学和父母分别借了点儿钱,租了个小店铺做起了臊子面生意。

当周围人知道他是某重点大学毕业的大学生之后,有的投来不以为然的眼光,有的则发出遗憾的感叹之声。对于这些,刘大勇都没有看在眼里,他从未对自己学非所用、高学低用产生过怀疑。而几年之后的实际情况也证明,正是刘大勇的这种肯放下身段做人的心态把他带向了成功。由于经营策略得当,刘大勇小店的生意越来越红火,不到5年的时间,他那个小小的店铺现在已经升级为200多平方米的中档餐厅了,餐厅的名气更是与日俱增。和那些当初不肯从最基层做起的同学相比,刘大勇更早地获得了生命中的"第一桶金"。

从刘大勇的事例看来,我们不要觉得自己就该是抱金饭碗的王子或者公主,因为没有人可以一步登天。如果我们能放下身段,认真地、持之以恒地做好每一件事,那么我们就会发现自己的价值发挥得越来越大,人生的路也越来越宽广。

事实上，那些在事业上取得不俗成绩的人，大都是在简单的工作和低微的职位上经过长时间不懈的努力而一步一步走上来的，因为他们总能在一些细小的事情中找到个人成长的支点，并根据环境的改变不断调整自己的心态，从而逐步向成功的终点迈进。

能屈能伸，不失尊严

厚道经

> 人生不如意之事十有八九，若想让生命之花开放得更加灿烂，就应该把眼光放远一点儿，就要懂得能屈能伸方可安身立命。软与屈的关键在于韬光养晦、蓄势待发、坚韧不拔、以柔克刚。

在我们所处的现实生活中，不难发现有的人虽然看上去很普通，甚至有时给人一种"窝囊"的感觉，但是，经过详细的了解之后，发现这样的人心中却并不失远大的志向。这种"无能"的表现正是其心高而气不傲、富有忍耐力和讲策略的表现。因为他们懂得能上能下、能屈能伸才能安身立命。

春秋五霸之一的晋文公在未登基前，曾因为遭到追杀而四处流浪。有一次，他和贴身随从路经一片农田，因为饥肠辘辘，他们便向田地里的农夫讨要食物，可是，那些农夫却"赠送"给他们一捧泥土。

面对这种戏弄，晋文公不禁恼羞成怒，准备拔剑而出。这时，随从阻止了他，说道："主人，泥土代表了大地，这不正预示着您将主宰大地吗？这是一个好兆头呀!"

晋文公一听,怒气立即平息了,并且把这捧土恭敬地收了起来。

懂得退让、能屈能伸、宽容他人,才能化屈辱于无形中,才能成就事业。如若当时晋文公没有抑制愤怒,一气之下杀了农夫,不仅暴露了自己的行踪,而且也将失去成就大事的气度。

宋代词人苏洵曾说过:"一忍可以制百辱,一静可以制百动。"生活中,我们离不开进退之道,要想做英雄,要想等来出头之日,在此之前就必须掌握人生的进退规则——能屈能伸。

有一对夫妻每日争吵不休,婚姻也慢慢走向了破裂的边缘。身心俱疲的两人决定赌一把,他们打算再做最后一次浪漫之旅,像年轻时那样去重拾昔日的美好,如果能找回爱情,就继续恩爱地生活在一起,如果无法恢复如前,就友好地离婚。

于是,他们去了之前一直都没时间、没机会去的峡谷。那座峡谷极其平常,呈东西走向,除碎花野草与清溪乱石之外,没有其他特别之处,唯一比较有趣的是:峡谷的南边是漫山遍野的松、柏等树,而北边则只有雪松这一种植物。

将近傍晚的时候,天上突然下起了鹅毛大雪,于是他们在一棵大树下支起了一顶帐篷,相坐在一起,望着这场纷纷扬扬的大雪,暂作躲避。

不久,他们发现峡谷里的风向很奇怪,北边来的雪远比南边的雪更大、更密。才一会儿工夫,那些雪松就被盖上了厚厚的一层白雪。不过,当雪积攒到某个程度时,那富有弹性的树枝就会轻轻向下弯曲,然后雪就缓缓地掉落了下来。就这样,经过积累、弯曲与滑落之后,雪松的树枝始终完好无损,没有折断一根。

再看其他那些树,则硬生生地岿然不动,结果树枝全被厚厚的大雪压断了。不过,毕竟南边的雪要小很多,所以总有那么一些树挺了过来,这也就是为什么南边的山坡上除了雪松之外还有一些其他灌木。

这一现象被敏锐的妻子先发现了,她对丈夫说:"我想,原先北边一定也生长过其他树,只是因为树枝太硬不会弯曲而被积雪压毁了。"

丈夫点头说道:"是啊,只有能屈能伸才能有活路。"

他们沉默了,过了一会儿,两人同时恍然大悟,转过身,紧紧相拥在了一起。

在这个神奇的大自然中,这对夫妻发现了一个"天大"的秘密,那就是:对于外界施加的种种强大压力,要尽可能地去努力承受,一旦超出底线而扛不住了,就要像那些雪松一样适当"弯曲"一下,如此才不会被难以承受的压力击垮。

会做事的人,表面上看他们似乎是弱者,可他们却会因此而成为强者,成为前途平坦、笑到最后的人。

不可否认,在人生旅途上,各种摧折命运之树的暴风雪常常会不期而至。一个人要想经受住人生风雪的侵袭,就该从雪松抵御大雪的自然景象中汲取生存与发展的艺术。该伸则伸、该屈则屈、该进则进、该退则退,始终从容不迫、游刃有余地绷紧命运之簧,弯而不折,屈而不断。只有这样,才能在严峻残酷的环境中立于不败之地,否则,对于来自方方面面的压力乃至形形色色的欺凌,一味地针锋相对、以刚克强,往往会未出战而身先死,不过是匹夫之勇;恰当地伸屈自如、以柔克刚,常常能历挫折而弥坚强,堪称笑傲人生。

收敛情绪，不要和别人抬杠较劲

逞一时口头之快，也许能为自己带来短暂的快意，但也会给自己的生活留下长久的隐患；而一个喜欢和别人抬杠较劲的人，也肯定不是一个受别人欢迎和尊重的人。

某位名人曾说："你如果拿 5 分的力量跟别人较劲儿，别人会拿出 12 分的力量跟你较劲儿。"可偏偏有人就喜欢这样做，凭着一张三寸不烂之舌，凡事都能讲出个"一二三"来，可实际上却不一定能让别人买账，这是因为，一个会说话的人会很讨人喜欢，但是一个"没理搅三分"的爱抬杠的人则不见得会受欢迎，这是因为任何人都喜欢来自对方的话语充满了温和的感觉。

我们大概都有这样的体会，在工作或者身边干活时，若是有来自对方的不同意见，如果对方是用温婉的语气表达出来的，就不会让自己过于抗拒；相反，如果是硬生生的话，即使对方是一片好心，也保不准让我们心生反感。

我们来看看下面这个职场中关于"抬杠"的案例。

范敏在一家企业担任会计职务，由于工作年头长，她自恃资历老、学历高，平时在单位中不仅爱和同事抬杠，也喜欢与领导"顶牛"。

有一回，领导安排她抓紧时间去税务局报税，可范敏却认为上司不懂财务,纯粹是瞎指挥,于是范敏就磨磨蹭蹭地迟迟不动。领导见状,对她说:"再不报,就要罚款了。"范敏却说:"怕什么,我做了这么多年的会计还不懂?"

领导又说:"作为我部门的员工,你要接受我对你的安排。"听上司这么说,范敏有点儿恼火地说:"我来这里工作的时候,你还不知在什么地方待着呢,凭什么就得让我听你的!"

领导也有些气恼,但考虑到周围还有一些同事,便强压住火气没有发作,但是,同事们看在眼里,却对范敏议论纷纷。

平时和范敏关系不错的两个同事急忙劝她,其中一个说:"你这是怎么了?平时和我们抬抬杠就算了,居然和自己的顶头上司顶牛。"另一个说:"长此下去,上司肯定会炒你的鱿鱼,给你穿小鞋的。"于是,他们打算好好劝范敏。

一天,那两位与她关系不错的同事把她叫到一家咖啡馆,对她好言相劝:上司毕竟是上司,你这样和她抬杠,让她如何下台?

谁知,范敏不但没领情,反而更来劲了:"就咱这领导,还用巴结她吗?"两位同事说:"你不巴结没关系,但也该尊重她啊。其实,你心眼儿很好,但就是说话太冲,这样难免会得罪人的。"

没想到,范敏听完反而讥讽地说道:"她的水平你们也看到了,让我怎么尊重她!先说年龄,她28岁,我34岁,她不如我年纪大。再说学历,她高中没毕业,参加工作后混了个大专学历,我却是正规院校毕业的本科生。再说工龄,她比我差好几年。她一天到晚就知道搞上下关系,而我却辛辛苦苦埋头做账。你们说,就她这样的人还对我指手画脚,能让我服气吗?"

同事说:"在这些方面人家是比你差点儿,可人家的协调能力比你强!"

范敏说:"除了协调和上级的关系外,我看她的协调能力也比我强不到哪儿去!"

就这样,范敏与劝她的两个同事你一言、我一语地进行抬杠,一句劝告的话也听不进去,弄得大家面面相觑、无言以对。

于是,半年后,范敏就被单位开除了。

由此不难看出,喜欢抬杠较劲儿绝非是一件好事,本是一些工作中的小事,却因为范敏爱抬杠、爱顶牛而影响了自己的人际关系,甚至葬送了自己的前途。

其实,不管是生活还是工作中,当很多事情自然而然地过去之后,当我们再回想一下自己抬杠顶牛的情景时,便会觉得都是一些小事,根本不值得一提,也许过不了多久也就忘了,但若与邻里、同事、朋友相处时也爱这般较劲,势必会给我们的人际关系带来极大的负面影响。

实际上,如今这个年代早已没有多少大是大非的事,相对来讲却是平淡无奇的琐碎之事占据着我们的生命。也许很多时候,并不是我们要跟人抬杠,却总有喜欢抬杠的人为了排遣自己的积郁和释放自己的牢骚而跟我们较劲,硬要把我们的正确言论指责为错误。遇到这样的情况,最好的办法就是点一下头表示一下赞同即可。因为对于一个爱抬杠的人,如果我们不去驳斥他的观点,就是给他颜面;如果我们也跟他抬杠,只能说明我们与其相类似,差不多是"同一个模子刻出来的"。

由于人和人所受的教育、成长环境和性格特征的不同,出现矛盾是在所难免的。喜欢凡事都与别人争个对错、大有不分上下誓不罢休的架势的人,结果不但落得个没人缘的悲凉下场,而且事情也会办砸。精明的人都懂得求同存异,在小矛盾中忍让一步,不与人发生口角,这样就会更容易获得朋友,生活也自然会因此而快乐很多。

手心向上，让别人看到你的真诚

　　人与人之间要想建立和谐、共赢的关系，在交注过程中就离不开心灵的沟通和坦诚的对待，这些，就是我们所说的真诚。真诚就像一束醉人的美德之花，绽放在人的高尚灵魂之中。

　　作为芸芸众生，我们无不希望自己能够具有和谐的人际环境，但真正能够得偿所愿却不是那么容易的事。对此，心理学家指出，要想达到人与人之间和谐共处、合作共赢的状态，双方在交往中坦诚地沟通和真诚地对待是必不可少的条件。

　　的确，真诚就像一束醉人的美德之花，绽放在人的高尚灵魂之中。在日语中有一个短语，直译过来就是"让对方看手心"，意思是坦白所有的秘密，让对方看到你的善意和真心的意思。

　　一位社交礼仪顾问曾经遇到过这样一个女孩，她在一家网络公司工作，虽然她的工作能力在公司的同事中处于中上水平，但是她总觉得自己还有很大的提高空间，于是，她找到了这位著名的社交礼仪顾问来纠正自己的行为动作，而纠正的方法就是通过和社交礼仪顾问的几次交谈，让社交礼仪顾问逐一指出她的问题。

　　社交礼仪顾问在与她进行第一段交谈之后就指出，这个女孩在交谈时不够真诚，明显表现出焦虑。其表现就是她一直将双手紧握，或者十指交叉握在一起。这个女孩非常赞叹礼仪顾问超人的察言观色能力，因为怕自己表现不好，因此她在平时与人交谈时多少会有一些焦虑情绪，如此便养成了紧握双手的习惯。

礼仪顾问告诉女孩，当你讲话时将手心朝上，你就会变得坦诚起来。后来，这个女孩认识到，真诚是可以培养的，首先可以从肢体动作上塑造。当和别人交谈时，有意识地将手放在桌子上，手心向上，这时就会在潜意识里提醒自己必须说真话，而且对别人要友善。

久而久之，当她以开放的姿态手心向上放到桌子上时，她就变得坦诚起来，这样在和别人交流时也更加积极高效，她的人脉关系网络也会因为她的真诚友善而逐步扩大。

没错，真诚是人与人交往的根本，只有和他人真诚交往，你才能得到真正的朋友。

从心理学角度而言，手心向上一般表示和善、顺从之意。常见到乞丐乞讨时的姿势是一边伸出双手，手心向上对着你乞讨，一边说着"给点儿吧，给点儿吧"。乞丐做出这个举动是想要接住施舍品，其实也是他们展示自己殷切乞求帮助的心情。当你手心向上，会让对方产生这样的感受：你对我是坦诚的。

曾经有个社会心理学教授做过一个实验，他让学生们互相访谈，在访谈过程中要求一半学生将手放在桌子下面，而另一半学生将手放在明显的地方，而且手心向上。结果访谈结束后专家发现，将手放在桌子下面的学生给人的印象都不太好，他们被认为戒备心强甚至说话虚伪；而另一半将手放在桌子上且手心向上的学生则被认为真诚大方，说的话也具有较强的真诚度。虽然这个实验并不是非常严谨的科学实验，但是它仍能给我们一些启示：保持双手可见且手心向上，表示的是动作者十分真诚地亮出自己的内心。

在中国历史上有一段张良拾鞋的佳话,体现了真诚的力量。

张良有一天闲来无事,便信步出游。路上他在经过一个邳桥的时候,看到一个身穿粗布衣服的老头站在桥头,他的神情好像是在等什么人。

张良经过老人身边的时候,老人居然把自己的鞋子脱下来,可是不巧,鞋子掉到了桥下。老人看了看张良,对他说:"孩子,到桥下把我的鞋子取上来。"

张良觉得老头很无理,自己掉了鞋子,居然让他帮着捡,于是心里就怨愤:"我与你一点儿不认识,凭什么要我给你拾鞋?"但当他一想老人年纪这么大了,身体也不灵便,就下去帮他捡吧。

等张良把鞋子捡上来后,老人的脸上流露出了笑容,他慢慢地伸出脚,对张良说:"把鞋给我穿上!"张良想:"既然已经为他拾了鞋,就将好人做到底,穿鞋就穿鞋吧!"于是,张良挺直身跪在地上,小心地把鞋给老人穿上。

老人看着张良哈哈大笑,一句话没说,转身而去。

面对老人这种奇怪的行为,张良非常吃惊,他看着老人远去的身影,一点儿也不明白是怎么回事。

谁知,过了一会儿,老人又回来了,说:"你这孩子还值得我来教导,你在 5 天后天刚亮时到这儿来等我。"张良对老人的行为虽然感到奇怪,但还是恭敬地说:"是!"

5 天很快就过去了。那天一大早,张良就急急忙忙向邳桥赶去,谁知老人早已等候在那里了,老人生气地说:"和老人相约,反而比老人晚到,这怎么能行呢?过 5 天你再早点儿来等我!"说完就走了。

于是,张良又等了 5 天,那天同样天还没亮,张良便早早起了床,向邳桥奔去,谁知老人又已等候在那里了。老人大怒,说"怎么又迟到了?过 5 天再早一点儿来!"

张良不知道老头葫芦里卖的什么药，但他想有可能是考验自己，于是，又过了5天后，张良想："这次无论如何也不能迟到了。"于是，半夜时分已等候在桥头了。过了一会儿，老人步履蹒跚地走来了，张良急忙上前扶住老人，老人看见张良早早地来了，露出了笑容，说："年轻人就应该如此！"他拿出一卷书说，"这是一本世上少有的奇书，我一直找不到合适的年轻人来传授，现在我把它传给你！读了它，你就会有远大的谋略，实现自己的宏伟抱负。"

　　张良把书接过来一看，原来是一本《太公兵法》。张良知道，这本书非常难得，他深深地谢过老人，回去以后，张良反复诵读、认真体会，增长了不少的才智。

　　后来，张良协助刘邦开创了汉朝，立了大功。

　　这个故事告诉我们，有些美好的事情最终能否来到我们身边，很大程度上取决于我们的真诚态度。如果我们能够真诚地对待别人，或许会在不经意间为我们的人生打开一番新的局面。

　　然而，需要你清楚的是，真诚待人才能换来别人的真诚。这就像物理学上的作用力和反作用力的关系，它们总是同时出现，相互作用、相互影响，这种相互影响反映在真诚中也同样适用。当你真诚地关怀他人时，他人也会真诚地为你着想。如果你对对方悉心关照、处处为其设想，对方必然也会懂得做点儿什么来回报你，也就是我们常说的"来而不往非礼也"。因此，要想获得别人的真诚相待，你必须真诚待人。切记，只有对他人真诚才能换来他人的真诚。

不怕认输，只有输得起才能赢得起

> 人生像一盘棋局，时而风平浪静，时而暗潮汹涌。不论得志的人生也好，失意的人生也罢，大都遭遇过失败的造访，既然总是无法摆脱失败的遭遇，那你就要做好"输得起"的准备。

　　对于打牌这种娱乐活动，很多人都不陌生，甚至经常参与其中。回想一下，当我们玩牌的时候，是不是总会发现一些人，也有可能是自己每当出牌的时候，就会表现得谨小慎微、犹豫不决，而到头来往往越是如此，输牌的可能性就越大。一旦输了，就不免会闷闷不乐，这时就会有人开玩笑般地小声嘀咕："输不起就别玩嘛！"

　　打牌如此，我们的人生亦是如此，如果做任何事情总是患得患失、害怕失败，那么失败越是会缠着你不放。因为输不起就会失去平常心，如果没有了平常心，怎么能赢得一个成功的人生呢？因此，这里的"输得起"对你人生道路上的输赢起着很关键的作用。

　　在广阔无垠的自然界中，有些动物的本性可以对"输得起"做出一个很好的诠释。

　　我们都知道，狼群是最有效率的猎捕者，但是我们或许并不清楚，它们捕食的成功率也仅仅只有10%左右。也就是说，在狼群每10次的猎捕行动中，仅仅只有一次的成功机会，而这一次的成功却关系到整个狼群的生存问题。

但是，狼群面对每次没有成果的捕猎，它们并不会表现出倦怠和绝望。一次失败的狩猎行动只能磨炼狼群的技能和增加对成功的渴望；对于所犯的错误，狼群绝对不会视为失败；狼群自然地把人类视为失败的经历转化为生存的智慧。狼善于利用它们生命中不成功的事件，9次毫无结果的狩猎并不会让它们沮丧、失去斗志，甚至放弃下一次的尝试。

它们会很快地整装待发，投入到下一个新的任务中去。它们坚信，每次的失败都可以从中获得不一样的经验和教训，随着时间的磨炼，最终会得到新的狩猎技巧，成功最终会降临在它们身上。

实际上，失败并不是最可怕的，最可怕的是找不到或不去找失败的原因。因此，我们要像狼群一样，在每次失败过后都找出问题、解决问题，然后充满信心地投入到下一次"狩猎"中去，这样才能更好地成长。

成功是有心人在总结失败经验和汲取教训之后自然而然结出的果实。而输赢赌的就是人们的心理，谁不怕输，谁能有一颗平常心，谁就可以赢得最终的胜利。

在常胜将军拿破仑指挥的所有战役中，有1/3的战役均以失败告终，但这并不妨碍他进行下一次战役，最终成为最伟大的军事家。

初涉世事的青年人，最缺少的就是人生的历练。历练就是得到教训、就是输给别人。成功给人荣誉与兴奋，但不会有什么启示，只有输能给你以启迪，促使你思考和探索。输会给你指出一条新的道路，输其实也是一种赢。

几年前,在一次考试中,劳伦教授给一位将要毕业的学生打了个不及格的成绩。这件事对那个学生打击很大,因为他早已做好毕业后的各种计划,现在不得不取消,真的很难堪。他只有两条路可以走,第一是重修这门课程,下年度毕业时才拿到学位,第二是不要学位,一走了之。

在知道不能更改后,这个学生大发脾气,向教授发泄了一通。劳伦教授等待他平静了下来后对他说:"你说的大部分都很对,确实有许多知名人物几乎不知道这一科的内容,你将来很可能不用这门知识就获得成功,你也可能一辈子都用不到这门课程里的知识,但是你对这门课的态度却对你大有影响。我希望你现在要做的就是冷静下来,平静地接受这一次的结果。"

"你是什么意思?"这个学生问道。

劳伦回答说:"我能不能给你一个建议呢?我知道你相当失望,我了解你的感觉,我也不会怪你。但是请你从内心里接受这件事吧。这一课非常非常重要。请你记住这个教训,5 年以后你就会知道,它是使你收获最大的一个教训。"

后来这个学生又重修了这门功课,而且成绩非常优异。不久,他特地向劳伦教授致谢,而且非常感激那场争论。

"那次不及格真的使我受益无穷,"他说,"看起来可能有点儿奇怪,我甚至庆幸那次没有通过,因为我经历了挫折,并尝到了成功的滋味。"

其实,在我们每个人的人生旅途中,没有一个人不会经历挫折。面对挫折,我们要具备百折不挠的意志,通过"输"来寻找到当初奋斗的起点。

当你用输得起的心态来看待失败的时候,那么即使 100 次扑倒在地,也会有第 101 次站起来。要知道,每一次的失败都把你朝成功拉近了一步,而每一次的成功过后,你又站在了一条新的起跑线上。真正的赢家懂得把成功垫在脚下,站在高处寻找更远的目标。

居高不傲，才能稳坐钓鱼台

民间有这样一句俗语："唱歌之前先对调。"显然，音调找不准，一首歌就不会演唱成功。为人处世也是如此，调有高低之分，人有贤愚之别。有的人谦谦有礼、宽容大度；有些人居高自傲、目无他人；有的人稳操胜券，有的人处处受阻；有的人平步青云，有的人碌碌无为。

这些都无一例外地表明，居高自傲者最终将不会有什么好果子吃，而只有那些居高而不傲的人才往往成为收获颇丰的一群人。

据说，在古代有一个叫德里奥的手艺人，其做的泥人逼真而生动，孩子们对小泥人情有独钟。因此，德里奥泥人在市场上非常畅销。为了不让自己的手艺失传，德里奥决定把这门绝活教给儿子艾弗尔。

说到艾弗尔，他真的是块做手艺的好料，不仅心灵手巧，脑瓜子还转得特别快。不久，这对父子档便远近闻名了。而德里奥也惊喜地发现，艾弗尔青出于蓝而胜于蓝，做起泥人来干脆利落。可是，精益求精的德里奥总能发现很多被艾弗尔忽略的缺点，而每次艾弗尔也都努力地去改正。

经过一段时间的发愤，艾弗尔泥人的售价竟然超过了德里奥：德里奥泥人每个只卖 3 卢比,而艾弗尔的已经卖到了 4 卢比。不过,这并没能减少一个父亲对儿子的严格要求。当艾弗尔把自己的杰作摆在父亲面前时,并没有得到过多的夸赞,迎来的总是一大堆挑出来的"刺"。

为了得到肯定,艾弗尔每天认真琢磨。就这样,日复一日,几年过去了,艾弗尔的手艺越来越炉火纯青,艾弗尔泥人在市场的售价也不断飞涨,从 5 卢布一直到 6 卢比、7 卢比……最后高达 11 卢比。然而,德里奥还是能找出一个又一个的小瑕疵:这只泥人的右眼过大、左边的肩膀太低了、这家伙的指甲盖小得都快隐身了……

终于有一天,艾弗尔忍无可忍了,他大声质问父亲:"您为什么看我的泥人就那么不顺眼呢?我认为它们已经很完美了,根本没必要再加工!即使售价为 11 卢布,人们也在争相购买!"

听了这番话,德里奥惋惜地说:"我的孩子,从你嘴里听到这些话,让我很伤心。因为我知道,从今以后,艾弗尔泥人的售价只能永远停留在 11 卢布了……"

"这是什么意思?"艾弗尔惊讶地问。

德里奥拍了拍艾弗尔的肩,说道:"作为一个手工艺人,一旦居高自傲,自认为手艺到家了,就意味着进步将就此停止,也将失去更高的位置。"

俗话说"水满则溢,月满则亏"。古往今来,不知多少人本可以成就一番大事业,却被自满、骄傲所摧毁,留下无数历史遗憾。显然,居高自傲,是增长才能和智慧的绊脚石,是实现梦想的一块暗礁。它就像一个沼泽,一旦陷进去便难以自拔。

居高不自傲才能进步,才能稳坐钓鱼台,才能产生积极向上的信念,才能赢得一个更加圆满的人生。

英国大文学家萧伯纳是一位受人尊重和敬仰的绅士。但是,他年轻时却锋芒毕露、居高自傲、得理不饶人。人们在跟他交往后,总有一种受辱受屈之感。

一天,一位老友终于忍不住了,语重心长地提醒道:"亲爱的朋友,你确实风趣幽默,但是,你有没有发现,当你不在场的时候,人们看起来总是更快乐一些。一旦你出现,所有人就都不愿、不敢开口了,因为你让他们自惭形秽。没错,你才华横溢,大家在你面前相形见绌。但如此一来,朋友将离你越来越远,这于你又有什么好处呢?"

这番话让萧伯纳大彻大悟,他体察到了一种危机感:如果自己一如既往、不收敛锋芒,全世界都会抛弃他,何止是失去朋友那么简单呢?

于是,他当即立下重誓,从今往后低调做人,不再居高自傲,不再视人于无物,要把自己有限的精力放在文学创作上。

这一改变奠定了萧伯纳日后在文坛上的大师地位,并且为广大读者所尊敬。

假如你真的有高出他人的本领,不一定要张扬,时间自会为你证明一切。高调地自我表现,只会把周围的人变成敌人,只会让你变成孤家寡人。在与人共事时,保持低调和谦和才会更得人心,他人才会更信赖、更尊重你,你的人际关系和地位也会更稳固。

我国民间有这样一句谚语,非常贴切地表现了处世之道:"低头是稻穗,昂头是秕子。"人的高贵不在于把头抬得多么高,通常,饱满的稻穗总是低着头。

在战火纷飞的年代,有一位勇敢、谦和的将军,每次大军撤退时,他都独自断后,掩护全军。战后回到家乡,将军受到了人们的赞扬,可是,将军并没有居功自傲,只是低调地说了一句:"不是我勇敢,只因马走得太慢。"

仅仅这么一句话,将军便把自己的勇敢行为推到了马的身上。然而,在人们心中,将军的英雄形象并没有因此而削减一分,人们反而看到了他的另一种高贵品质：居高不自傲。

无论我们拥有什么，与天地苍穹相比，与烟波浩瀚的宇宙相比，都不过是须弥芥子、沧海一粟，实在微不足道。古人曾说："地不畏其低，方能聚水成海；人不畏其低，方能孚众成王。"居高不自傲，方能稳坐钓鱼台，方能获得成功而圆满的人生。

退一步是为了少退一步

厚道经

> 善待别人就是善待自己，学会宽恕曾经冒犯过你的人，也许只是一个极其微小的举动，却可能为你留下一条退路，使你收获到意想不到的回报。

俗话说得好："退一步风平浪静，让三分海阔天空。"遇到事情不冲动，多一份宽容和忍让，或许可以让你避免许多不必要的麻烦，也可以减少很多不必要的矛盾。

不可否认，我们生活在大千世界中，免不了会与别人产生一些矛盾与摩擦。面对这些不快，每个人的处理方式又各不相同。如果一个人心胸豁达，懂得包容和宽恕别人，那么他眼中的世界永远是阳光明媚、积极向上的。相反，心胸狭隘的人总是和别人针锋相对、斤斤计较，这样不但会伤害到别人，自己也变得消极落寞。

在古希腊神话中有一个名叫海格力斯的英雄。一天，他正在崎岖不平的山路上走着，突然看到一个鼓起的袋子，而且这个东西很碍脚，于是他抬起脚来，用力地朝袋子踩了下去。让他没有料到的是，那个袋子不但没有被踩破，反而变得越发膨胀起来。

海格力斯被激怒了，他抄起一根大木棍，使出了吃奶的劲儿去砸那个袋子，那个袋子居然开始加倍地变大，直到最后把整条路都堵死了。

这时，一位圣者在海格力斯身后出现了，他和颜悦色地对海格力斯说："年轻人，赶紧住手！离它远一些！这个袋子叫仇恨袋，如果你不惹它的话，它就会缩小到你刚看到它时候的样子。如果你不断地去侵犯它，它就会膨胀得越来越大，那时候，你永远都没办法从这里通过了。"

看完这个故事，我们是不是可以反观自身经常会犯和海格力斯同样的错误？在遇到矛盾的时候，总是不愿意自己吃亏，而是向对方步步紧逼？认为如果自己先作出退步就是没面子、没尊严的表现。这样只会导致矛盾不断地被激化和升级，最后弄到无法收拾的地步。

我们需要清楚的是，退让和宽容并不会让我们失去尊严。相反，它恰恰是一种心胸豁达、成熟理智的表现。一时地退让不仅可以避免矛盾的加深，还能换来别人的尊重和感激。敌意和仇恨就像一面不断增长的墙，而宽容和退让则像一条不断加宽的道路。我们要学会宽容别人、善待恩怨、学会尊重自己不喜欢的人。因为宽容别人就是宽容我们自己，在宽容别人的同时，也为自己营造了一个安宁的心境。

一位心理专家特意做了一个实验，他让实验者去回忆曾经一个受伤害的场面。在固定的时间内，实验者要先用宽容的心态去回忆，接着再用不宽容的心态去回忆同样的场景。实验结果显示，实验者在用不宽容心态回忆时的平均心率都有不同程度的增加，而血压也在随之上升。看来，宽容有利于身心健康，并且能够消除仇恨等不良情绪。

不得不承认，往往由于各种原因，我们难免会和别人发生冲突。当你的朋友背叛你的时候，你是选择伺机报复？还是选择宽容他呢？当有人在背后恶语中伤你的时候,你是想用同样的坏话去攻击他,还是保持缄默、泰然处之?宽容是一种至高的人生境界,遇到矛盾的时候,不妨把自己的"刺"收起来后退一步,站在别人的角度考虑一下。只有能够原谅和包容他人,才能达到一种宠辱不惊的境界。

唐朝有个布袋和尚,他出游的时候看到一个农民正在田里插秧。只见那个农夫一边插一边后退着,绿油油的秧苗便一株株地立了起来。布袋和尚看到此景,不禁感叹道:"手把青秧插满园,低头便见水中间。心底清净方为道,退步原来是向前。"

面朝黄土背朝天的农民之所以要后退着插秧,是为了不把秧苗插歪。秧苗四周的距离整齐了,才会收获更多的粮食。

在厚道的人看来,有些时候,后退也是一种前进。然而,现在的社会竞争日益激烈,很多人为了生存,不停地向前赶路,他们已经忘记了后退的姿势,这种状态是很危险的。而厚道的人在遇到事情的时候会给自己一些冷静思考的时间,让自己拥有更加广阔的心境,从而作出更加睿智的决定。

世界上没有不犯错的人,如果能用一颗宽容的心去原谅别人的过失、包容别人的错误,自然会赢来别人的感激与尊敬,很多矛盾与过节也能够迎刃而解。如果凡事都斤斤计较、得理不饶人,虽然为自己挣足了面子,实际上却失去了很多宝贵的东西。

因此,你不妨转换一下自己的思维,用博大的心胸去包容万物。当你退了一步之后,就会看到一种出乎意料的美丽和一个意想不到的奇迹。在生活中,我们确实需要前进,但是要记住,暂时地后退也可以换得未来的前进。

第 5 章

多替别人着想的人，永远不会输

在生活中，因为每个人的思维方式不同，对待同一件事情也会有不同的反应，所以你不妨试着站在对方的位置，用对方的思维方式来思考问题，这样才能更加容易理解、包容对方的行为。只要学会对人对事都换一种角度来思考，你就可以从纷繁复杂的琐碎中解脱出来，从钩心斗角的环境中脱离出来，你看到的世界将会越来越美好，你的心态也会越来越平和。

凡事多为别人着想一点

厚道经

一个厚道的人，能够站在对方的角度设身处地地为其着想。他们会用宽容、忍让的方式来看待和处理与他人之间存在的误解和矛盾，因此他们更容易感化对方，得到他人的尊敬。

我们每个人虽然都是独立的个体，但是每个个体之间却存在着偶然或者必然的联系。也就是说，我们的生活总会直接或者间接地影响别人的生活。只有抱着不怕吃亏、能为他人着想的心态，我们才能拥有和他人融洽相处的机会，同时自己也更能够快乐地生活。

凡事为他人着想是一种理解、一种宽容，一种胸怀。一个厚道的人，能够站在对方的角度，设身处地地为其着想。他们会用宽容、忍让的方式来看待和处理与他人之间存在的误解和矛盾，因此他们更容易感化对方，得到他人的尊敬。

对于著名物理学家斯蒂芬·霍金，我们都不陌生，他的夫人简就是这样一位时时处处肯为他人着想的女性。

在霍金 21 岁时，被诊断患有"卢伽雷病"，不久之后，他就完全瘫痪了，从那时开始，他只能和轮椅为伴。在他 43 岁时，霍金因患肺炎而做了气管切除手术。此后，他完全丧失了说话能力，只能靠安装在轮椅上的一个小对话机和语言合成器与他人进行交流。

　　然而，像霍金这样一位丧失了行动与说话能力的重症患者却取得了巨大的科学成就，而这与他的妻子简对他的悉心照料和无私奉献是分不开的。

　　简·霍金毕业于伦敦大学。她本来是想毕业后从事外交部的工作，而那也正是她喜欢的工作，可她为了照顾霍金而将自己的锦绣前程毅然放弃，甘愿做一个辛辛苦苦而又尽职尽责的家庭主妇。虽然简做得无微不至，但这些并没有换来霍金家族某些人对她的好感，尤其是霍金那位生性孤傲的妹妹菲丽帕对她更是横挑鼻子竖挑眼，给她各种难堪。

　　有一次，菲丽帕因生病而住进了医院，简和霍金去医院探望。将要进病房的时候，简却被告知，菲丽帕只想见哥哥霍金，而不想见她。听到这样的消息，简感到无比委屈和尴尬，但是她很快就调整好了自己的情绪，她在心里这样为小姑子菲丽帕着想：生病住院的时候，难免会心情不好，自己来探望她就是希望她有一份好的心情，如果让她不愉快，岂不是违背了自己的初衷？既然她不想见自己，一定有她的道理。

　　简这样想着，于是就释然了，于是，她面带微笑目送霍金走进病房，自己则坐在病房外面的椅子上等待他。

　　之后的一天，简收到一封来自菲丽帕信。简有些激动地打开信，她没想到小姑子这次不但没有像以往那样指责和为难她，而是为以前的事向她道歉。菲丽帕还表示，从今以后，她要做简最忠实的朋友。简看着信笑了，眼泪都差点儿掉出来。

　　试想，在霍金和简探望菲丽帕的时候，如果简因为被拒绝探望而拂袖离开，或者冲进病房去和菲丽帕理论一番，那么原本两人不太融洽的关系就会进一步恶化。可是简却设身处地地为菲丽帕着想，选择了忍让，选择了委曲求全。正是她的这一做法感化了菲丽帕，而简的为他人着想的美德也逐渐感化了霍金家族上上下下所有的人。

简的做法正是为他人着想、不怕吃亏的典范。其实,这样的做法是一种修养、一种博爱、一种睿智。也正因为此,简·霍金获得了世人的瞩目和尊敬。

常言道:"种瓜得瓜,种豆得豆。"如果你凡事能为他人着想,不怕吃亏,就相当于用自己的爱心播种了一朵花的种子,待到花开时节,你不仅能够看到五彩斑斓的花朵,还能看到充满生机的美丽春天,这不正是你之前的付出所换来的"福报"吗?

因此,你要让自己在任何时候、任何事情上都多为他人着想,哪怕是为对方提供一点儿方便,哪怕是一个安慰的眼神,或许都能够成为他人跨越前进道路中障碍的动力。

被人们称之为"经营之神"的日本松下电器总裁松下幸之助有一次在家里招待客人。当时,在座的6个人都点了牛排。等大家都把主餐吃完,松下让助理把烹饪牛排的主厨叫过来。

由于知道这批客人来头很大,这位主厨心里顿时紧张起来。心想过一会场面肯定会非常尴尬。他走到松下面前,紧张地问:"是不是牛排有什么问题?"

松下缓缓地说道:"烹调牛排对你已不成问题,但是我只能吃一半,原因不在于你的厨艺,牛排真的很好吃,你是位非常出色的厨师,但我已80岁了,胃口大不如前,所以我要当面和你说清楚,是因为我担心,当你看到只吃了一半的牛排被送回厨房时,心里会难过。"

听完松下的话,主厨和其他就餐者面面相觑,大家相视而笑,都明白了松下的意思,并为之投去感激和敬佩的眼神。

如果换作我们是那位主厨,对于松下这样的对待,是不是也会感到无比荣幸?因为他是如此为自己着想,又是如此尊重自己。如果我们是当场就座的客人,是不是会因为松下的做法而更加佩服他?从而更喜欢和他做生意？

或许有人说："人不为己，天诛地灭。"这可能是人的本性，但绝非是精妙的为人处世原则；而只有尽可能地为对方着想，才是真正高明的为人处世原则。我们可以想一想，假如每个人都只顾自己而不在乎他人的想法和感受，那么人和人之间的关系就会逐渐恶化。相反，如果我们都能站在对方的角度为对方考虑，那么我们和对方的关系就会更加融洽，相互合作起来也就会更加愉快。

尊重别人才能受人尊重

厚道经

> 每个人都有改变世界的力量，而世界也随着不同的人以不同的方式在改变之中。当你能够尊重一个人真实价值的时候，他也会开始以特别的方式看待你。

在与别人交往的过程中，我们都渴望得到对方的尊重。推己及人，和我们交往的对象同样有这样的想法。说到底，这种尊重是相互的，你想要得到他人的尊重，那么你就要尊重别人。这就好比照镜子，如果你对着镜子里的人微笑，那么对方也会回报你以微笑；如果你对镜子里的人怒目而视，那么对方也会对你横眉冷对。

所以，不要找任何他人不值得自己尊重的理由，相反，你应该找各种理由让自己尊重对方。事实上，每个人都有自身的长处和劣势。他人如此，自己亦然，这就要求你多尊重他人。与此同时，你也会受到他人的尊重。

一位年轻的母亲带着自己的孩子在某世界知名公司楼下的花园里走着,这位母亲一边走,一边在和孩子说着什么,看上去很生气。

孩子的小手有点儿脏,这位母亲就拿出纸巾给孩子擦了擦,然后随手把纸扔在了旁边的灌木上。这时,离他们不远的地方正有一位头发花白的老人正在修剪灌木。

她的举动被老人看到了,老人顿时为之一惊,走过去把纸捡起来放进垃圾桶里,而这位母亲则是一副满不在乎的样子。

几分钟过后,这位母亲又给孩子擦拭哭红的小脸,擦完后又把纸扔到一旁,老人再一次走过去把那团纸放进垃圾桶里,然后继续工作。

老人在工作的时候,听到这位母亲对自己的孩子说:"看见没有,如果你现在不听我的话,整天吊儿郎当的话,将来你就会像他那样没出息,只能做一些低贱卑微的工作。"

老人做完了手里的工作,走过来对这位母亲说:"女士您好!这里是集团的花园,只有本集团的员工才可以进来。我看您带着孩子,可能有些不方便,刚才就没有告诉你。那么,请问,您现在可以离开了吗?"

这位母亲很不屑地瞥了老人一眼,然后从肩上背的挎包里拿出该集团的工作证,在老人面前晃了晃,高傲地说:"我是这里的部门经理,我的办公室就在上面!"

听完她的话,老人沉思了一下说:"我可以借您的手机用一用吗?"这位母亲很不情愿地把手机递给老人,然后对身边的儿子说:"你看看他,做这样的工作收入很低,连手机都买不起。"

老人打完电话后,把手机还给了她。两分钟过后,只见一位男士从大楼里走出来,很恭敬地站在老人面前,他是该集团主管人事的一位高级职员。老人对他说:"我现在提议免去这位女士在我们集团的职务!"男士连声应道:"我马上按您的指示办!"

这位母亲被刚刚发生的事情惊得目瞪口呆，她疑惑地问这位男士："你怎么会对这个老园丁这么尊敬呢?"男士看了看她，回答："老园丁?他可是我们集团的总裁!"此时，只见老人朝小男孩走去，他爱抚地摸了摸小男孩的头，微笑着说："小朋友，我希望你能明白，人活着最重要的事就是要尊重每一个人。"

没错，正如老人所言，人活着最重要的事就是要尊重每一个人。不管他是贫穷还是富有、是疾病还是健康，也不管面对诘难还是友好，我们都要尊重对方。

毋庸置疑，尊重别人是一种随和与高尚的品质，人们在尊重别人的同时也必然会受到他人的尊重，因为这时，人的行为是出于对每个人的纯洁和可贵的价值认识。正是因为人们之间的相互交往、彼此尊重，才使人们自身和他人固有的美德得以显现和升华。

羽然是一位在工作上表现出色的职场女性，但是她有些刚愎自用，从来都听不进别人的意见，有时候，要好的同事或者朋友说她有些强势，她就对对方瞪起眼珠子，然后一脸无辜地说："这怎么是我的问题呢!我提出的方案本来就是最好的，我哪有时间去挨个尝试所有可能的方案。"

这样的回答就好比送给对方一个闭门羹，时间久了，大家了解了羽然的个性和脾气，也就不再主动为她指出她所存在的问题了。

羽然也一直坚持着自己做事和说话的风格，讨论问题的时候，她总是坚持自己的看法，而对别人所提出的方法进行贬低。慢慢地，同事们都开始孤立她了，后来公司领导干脆把她调离了以前的工作岗位，将她换到一个无关紧要的岗位上。

看完这个案例，想必你也会为羽然的表现而皱眉吧。这种"只可以用我的思考方式做事"、不尊重别人的人，怎么可能得到别人的尊敬和配合呢?在羽然的心里，根本不懂这样的道理:一个人的本事再大，也不可能做所有的事,所以团队配合是应该的,而只有尊重他人才能拥有好的合作团队,否则只有落得被孤立甚至被驱逐的下场。

其实,人和人没有本质上的区别,就像一句谚语中说的那样:"光滑的瓷器来自泥土,一旦破碎就归于泥土。"即使拥有再高的学历也只代表过去,而只有能力才能代表将来。尊重有经验的人才能少走弯路,自己也才能从中获益。

不难发现,那些凡是在人际交往中能够尊重别人的厚道人,总能赢得很多的朋友。相反,那些妄自尊大、高看自己、小看别人的人总会引起别人的反感,最终在交往中使自己走向孤立无援的地步。

换位思考,不对人和事持有偏见

厚道经

俗话说:"己所不欲,勿施于人。"你要学会用自己的心推及别人,你不愿意别人怎样对待你,你就不要那样对待别人。用对方的思维方式来思考问题,这样你才能更加容易理解、包容对方的行为。

在与他人相处时,你要学会站在对方的角度来考虑问题,也就是换位思考。

换位思考就是设身处地地为他人着想,在互相宽容、理解的基础上,站在别人的角度思考问题,将自己置身于对方的处境和问题之中,设想如果这件事情发生在自己身上会有什么想法并且作出怎样的反应。

在生活中，因为每个人的思维方式不同，对待同一件事情也会有不同的反应，所以你不妨试着站在对方的位置用对方的思维方式来思考问题，这样你才能更加容易理解、包容对方的行为。

在工作和学习中，换位思考就是换一种思维、换一种方法、换一个角度来重新看待事情，这是一种创新和探索。

只要学会对人对事都换一种角度来思考，你才可以从纷繁复杂的琐碎中解脱出来，从钩心斗角的环境中脱离出来，如此一来，你看到的世界将会越来越美好，你的心态也会越来越平和。

靳彩霞是北方一所著名大学的商学院毕业生，从名牌大学刚毕业时，她意气风发、踌躇满志，立志一定要干出一番事业来。

可是，进公司 3 个月后，她就觉得自己已经没有办法再在这个公司待下去了，左思右想后，她打算辞职。

当靳彩霞将自己的决定告诉朋友齐小倩后，齐小倩不解地问道："你现在这个公司挺有名气的，我觉得你在这个公司的发展空间也很大，为什么突然决定辞职呢？"

"因为我部门的同事都特别小心眼儿，一个个鼠目寸光，还有就是我觉得所有的同事都看我不顺眼，处处跟我过不去。最主要的是，我们经理是个无能之辈，在他的领导下，我永远没有出头之日，更别说有什么好的发展前景了。我已经无法忍受了，如果不辞职的话，我迟早会崩溃的！"靳彩霞把郁积在心里的苦闷都一股脑儿地发泄了出来。

"你怎么这么苦大仇深啊？到底发生什么事了？"朋友齐小倩关切地问道。

"我们经理总是把活儿分给下属，自己什么都不干，你说他有什么能力？而且同事也总是给我很多的活儿，这明明就是跟我过不去嘛！你说我能不辞职吗？我要是再干下去，用不了多久，我就会精神崩溃的！"靳彩霞情绪有些失控。

"那如果你是经理,你会怎么做呢?"朋友齐小倩问靳彩霞。

"我又不是经理,我怎么知道?况且我也没有必要知道!"靳彩霞没好气地说。

"可是,从商学院毕业之后,你也应该明白,作为管理者,你们经理的主要任务不是把一切活儿都揽在自己身上,冲锋到一线,而是帮助下属解决工作中的困难,为本部门争取到更多的资源。要是他像其他人一样什么都干,那他就和普通员工没什么两样了。"朋友齐小倩开导靳彩霞道。

"可是,他总不能把所有事情都推给我们干吧!"靳彩霞的语气虽然有一些缓和,但还是一脸的不服气。

"那你说他每天都干些什么?是玩游戏、打私人电话、看闲书吗?"看靳彩霞不吱声,朋友齐小倩又继续说,"估计不是。所以你得站在你们经理的角度想想,为了协调部门里的工作,他需要做什么?为了解决下属们的问题,他又需要采取什么措施?还有,他要预测工作中哪些可能会遇到的问题?这些都是他需要做的,你怎么能指责他什么都没干呢?"朋友齐小倩反问道。

听了朋友齐小倩的话后,靳彩霞陷入了沉思。

案例中的主人公靳彩霞正是因为没有从经理和同事的位置出发看待事情,所以让她对经理和同事有偏见,使自己的情绪发生了波动,进而产生了辞职的念头。

假如靳彩霞和她的朋友齐小倩一样懂得进行换位思考,她就不会抱怨经理"什么事都不干,没有本事了",而是理解经理的职责和做法。同样,她也不会埋怨同事总给自己很多活儿,因为从另一个角度来看,这正是锻炼自己的好机会,既帮助了同事,又提高了自身的能力,何乐而不为呢?

由此可见,换位思考在处理人与人之间的关系以及看待、完成事情的方法上都有着非常重要的作用。而且很多时候，你会发现，对人对事换位思考就是绝境中的逢生，就是"山重水复疑无路"之后的"柳暗花明又一村"。

那么，在人际交往中，我们应该怎样做才能有效地进行换位思考？

首先要认识到，在这个世界上，每个人的思维、观念、人生观都是不一样的。不同的人对待同一件事情有不一样的看法是再正常不过的事情，就算是最亲近的人也不可能与自己的想法、意见完全一致。有了这个认知前提，在和他人的意见产生分歧时，你才不会情绪失控、咄咄逼人，而是包容和理解。

其次，就是要有同情怜悯之心和宽容的心态。这个世界，无论科技如何进步，物质文明如何提高，都改变不了这样一个事实，那就是"做人不易"。每个人在这个世界上生活都是非常不易的。既然大家都不易，你就不应该对他人的失意、挫折、痛苦幸灾乐祸，而是要怀着一颗善良、关怀的心去体恤他人。

你需要明白，每个人都有自己的优点和缺点，不能十全十美，也不会一无是处。尊重他人就是不苛求他人与自己保持一致，就是以平常的心态接纳他人、欣赏他人，这样，你才会从心里真正做到设身处地为他人着想，体谅别人的难处。

不以自己的喜好去衡量别人

厚道经

日常生活中，我们却常常错误地把自己的想法和意愿投射到别人身上。岂不知，"人心不同，各如其面"，人与人之间毕竟有差异，不考虑个体差异，胡乱地投射一番，就会出现认知偏差。

静下心来思考一下，包括我们自己在内，现实生活中的很多人都会犯这样的"毛病"：总会不自觉地把自己的心理特征，如经历、好恶、欲望、观念、情绪、个性等加之于他人身上，认为自己是这样想的，他人也应该有同样的想法，并试图通过自己的想法去影响他人。

心理学上将其称为"投射效应"。具体来讲，投射效应是指将自己的特点归因到其他人身上，是指以自己的投射效应度人，认为自己具有某种特性，他人也一定会有与自己相同的特性，把自己的感情、意志、特性投射到他人身上并强加于人的一种认知障碍。比如，一个心地善良的人会以为别人都是善良的；一个经常算计别人的人就会觉得别人也在算计他，等等。

也就是说，由于投射效应的存在，我们常常可以从一个人对别人的看法来推测这个人的真正意图或心理特征。

我国宋代的著名学者苏东坡和佛印和尚是好朋友。一天，苏东坡到金山寺和佛印禅师打坐坐禅，苏东坡觉得身心通畅，于是问禅师："禅师，你看我打坐的样子怎么样？"

"好庄严，像一尊佛。"佛印禅师回答道。

苏东坡听了非常高兴。

佛印禅师接着问苏东坡："学士，你看我打坐的姿势怎么样？"

苏东坡向来不放过嘲弄禅师的机会，于是马上回答说："像一堆牛粪！"

佛印禅师听了也非常高兴。

禅师被人喻为牛粪，竟无以回答，苏东坡心中以为赢了佛印禅师，于是逢人便说："今天我赢了！"

消息传到他妹妹苏小妹的耳中，妹妹就问道："哥哥，你究竟如何赢了禅师？"苏东坡眉飞色舞，神采飞扬地如实叙述了一遍他与佛印的对话。

苏小妹天资聪慧、才华出众，她听了苏东坡得意的叙述之后，说道："哥哥，你输了！禅师的心中如佛，所以他看你如佛；而你心中如牛粪，所以你看禅师才像牛粪！"

苏东坡听后哑然，方知自己的禅功不及佛印禅师。

人和人之间由于存在一定的共同性，所以有一些欲望和要求也是相通的。所以，在很多情况下，我们对别人做出的推测都是比较正确的。但是，人毕竟有差异，因此我们的推测总会有出错的时候。

换言之，这种以己度人的"投射效应"能使我们对其他人的认知产生失真，因为这种投射使我们倾向于按照自己是什么样的人来认知他人，而不是按照对方的真实情况进行认知。

可以说，"投射效应"是典型的用自己的眼光来看待他人的行为方式，同时也是一种严重的认知心理偏差，结果往往事与愿违。

我们来看看下面这个故事。

一名大学教授到一个落后乡村游山玩水，他雇了一艘小船游江，当船开动后，教授问船夫："你懂数学吗？"船夫回答："先生，我不懂。"教授又问船夫，"你懂物理吗?"船夫回答，"物理?我不懂。"教授又问船夫，"那你会用电脑吗?"船夫回答，"对不起,我不会。"教授听后摇摇头说道，"你不懂数学,人生的价值已失去 2/6;不懂物理,你人生的价值又失去 1/6;不会用电脑,你人生的价值又失去 1/6,你的人生的价值总共失去 4/6……"

说到这儿，天空忽然飘来大片黑云，随后强风吹来，眼看暴风雨就要来到,船夫问教授："先生,你会游泳吗?"教授愣一愣,答道："不会,没学过。"船夫摇摇头说道,"那你人生的价值快要失去 6/6 了……"

这个故事可能会引我们发笑, 但更应该令我们沉思。在我们的生活中,甚至我们自己身上,是不是经常有这种喜欢拿自己的标准来衡量他人的时候?就像故事中的教授,他是数理方面的专家,便认为数学、物理、电脑是极为重要的,如果不能了解这些学问,人生似乎没什么意义。

但是他不知道,对于船夫而言,精通数学、物理和电脑又有什么意义?这些又不能帮他拉几个客人、多赚一些钱,还是在紧要关头具备"活下去"的能力更重要。

对于"鸿鹄之志"这个词语,我们都不陌生,它是用来形容一个人的志向远大。其中,鸿鹄指的是一种鸟,据说,当鸿鹄树立了飞向远方的志向后,消息传到别的动物耳朵里,它们都认为这是一件荒唐的事情,它们认为鸿鹄简直是自不量力、自寻烦恼。然而,令所有动物没想到的是,不久之后的一场暴风雪使一切都改变了。

原来,由于强烈的暴风雪,使得许多鸟儿失去了家园,它们被迫长途迁徙,飞向远方。当它们陷入极其困难时,鸿鹄飞了过来,把它们带进一个没有忧愁、没有烦恼的乐园天堂。那些鸟儿之所以会遭受如此大的损失,就是用自己的喜好来判断事物的发展。

在我们的现实生活中, 是不是也有一些人会像上述故事中的鸟儿们一样,喜欢用自己的喜好来判断事物的发展?而往往,这样的举动只会带来不利的后果。

因此，我们不能一味地用"我"的标准来作为判断事物好与坏、正确与错误的标准，我们应该清楚地认识到，习惯性地用自己的喜好去认识、评价、判断、衡量别人，往往有失偏颇，进而不能给他人带来更多更好的影响。

拥有宽厚的胸怀，接纳他人不同的性格

厚道经

> 对异于自己的人有着包容之心的人，最终得到的将是不可估量的丰厚回报。如果你想拥有一个良好的人际关系，就要敞开胸怀，以一颗和善之心去包容那些有着不同性格的人们。

"一个能够从细微处体谅和善待他人的人，一定是一个与人为善的人，他必定有很好的人缘关系，这种人缘关系就是促使他成功的基石。"这段话出自美国成功学大师戴尔·卡耐基的著作——《关爱人》一书。

从中我们不难看出良好的人际关系对于一个人的重要性。据相关调查数据显示：良好的人际关系可以让人们工作的成功率和个人幸福的达成率到达85%以上。也就是说，一个人的成功，85%取决于人际关系，剩下的15%则在于其工作技能、知识、经验等。调查还发现，在被解雇的4000人当中，其中有90%是因为人际关系不佳才被解雇，只有10%是因为不称职。在年龄、文化、技能水平等实力相当的群体中，人际关系好的人，其平均年薪要比其他人高出 15%~30%。

由此可见，良好的人际关系对于人们的成长、发展和成功是多么重要。当然，人人都希望自己能把自己的人际关系搞得如鱼得水，可是要做到这一点并非易事。之所以不容易，首先就是因为很多人没有一份宽厚的胸怀，不懂得接受别人和自己不同的性格或个性。

其实，如果你真的能做到宽厚地看待身边的朋友、同事等，那么从另一个角度看，你会发现其实每个人身上都有值得自己学习的地方。

郭子宾是一家食品销售公司的销售经理，当说起自己如今的成就时，他总说要归功于他的上级老夏。

郭子宾刚进这家公司的时候只是个小小的销售员，在老夏手下做事。

老夏是个性格谨慎、做事严谨的人，对下属总是板着一副严肃的面孔，对下属的工作要求也极其严格，几乎到了鸡蛋里挑骨头的程度。在郭子宾看来，已经做得很到位的工作在老夏看来还是存在很多问题，郭子宾被他训斥批评简直就是家常便饭。

所以，一开始，郭子宾对老夏充满了愤怒和不满，但在听别人说完他的奋斗历程后，郭子宾便开始佩服起他来。

那时的老夏也是一名默默无闻的销售员。刚到这个城市的时候，他非常穷困潦倒，甚至还睡过天桥和公园的石凳，3 块钱就能过一天。后来他凭着勤奋和认真，才一步一步从销售员做到了如今经理的职务。他最明显的做事风格就是认真仔细，绝不容许犯不该犯的错误。虽然做销售经常会有应酬，但他从来不喝酒、不抽烟，奇怪的是，客户并没有因为他这些习惯而反感，反而对他很信任，和他的关系相处得非常融洽，原因就在于他的认真。

在渐渐了解了老夏之后，郭子宾开始冷静地反思：尽管老夏的个性有时候令自己很不舒服，但是老夏身上有他值得学习的地方，他要学习他的认真和严谨。自此之后，每当老夏再次批评郭子宾的时候，郭子宾都在心里告诉自己，他说得对，我要认真、再认真。慢慢地，郭子宾习惯了老夏的挑剔，并从中受益，郭子宾自身的一些缺点也因为老夏的影响而发生了改变。

其实，老夏也明白自己的臭脾气很不招人喜欢，没有多少人能一直容忍，可是郭子宾不但容忍了下来，还一直努力进步，慢慢地，老夏也对这个心胸宽广、肯努力的下属刮目相看，经常委以重任，这才有了郭子宾今天的成就。

从这个故事中不难看出，对异于自己的人有着包容之心的人最终得到的将是不可估量的丰厚回报。

常言道："百人百姓"，"千人千面。"我们每个人都有着不同于他人的个性习惯，也正因为此，我们才各有所长、各有所短。不同个性的人聚集在一起共同做事，相互之间难免会发生碰撞甚至产生矛盾。办公室里的同事或者上司和老板也都各有千秋，也许他们身上的某些缺点正好是你所讨厌和不喜欢的，此时你会怎么办？是豁达包容、不予计较？还是太过在意而无法容忍？

如果你想拥有一个良好的人际关系，就要敞开胸怀，以一颗和善之心去包容那些与自己有着不同性格的人们。只有拥有一颗包容的、宽广的胸怀去包容别人的不足、包容不同于自己的地方，你才能以和善的姿态来相处和对待他人。

古代圣贤孟子曾说："君子莫大乎与人为善。"其实就是在告诫世人，要想做一个为人称道、功成名就的君子，就要学会善待他人，这是任何想成功的人都必须遵守的规则，尤其是在当今这样一个充满合作的时代，要想赢得更多人的合作和帮助，以便助你成功，更需要宽厚待人、与人为善，与周围的人和谐相处。

当你自我感觉良好，觉得自己比其他人优秀，又在工作中或事业中取得或大或小的成绩时，你的自信心也会随之膨胀。有的人此时就会觉得自己高人一等、与众不同，面对那些不如自己甚至个性与自己相冲突的同事就会无法容忍，哪怕对方有一点儿小小的缺点和不足，也会招致他们的极度反感和厌恶。

然而他们不曾想过，这样的高姿态，即便是无意而为，在别人看来也是一种极其令人不适的傲慢。没有人喜欢和一个自以为是、傲慢无礼的人共事，更不会与之交朋友，更别提出手相助，这样一来，他们便会失去很多人脉关系，渐渐地就会陷入孤立无援的状态。

现代社会是一个讲究协同合作的社会，每个人事业的成功、生活的幸福都离不开别人的协助和影响。孤家寡人势必势单力薄，根本不可能取得最后的胜利，即便可以，也是困难重重。所以，你需要做的就是看到别人身上的闪光点，发现对方的好，尽量包容和忽略那些令自己心烦的不足。如此一来，你就会发现其实一切没有那么糟糕，那些与自己个性迥异的同事也有可取的一面，值得自己去赞美和欣赏。

人与人之间的影响是相互的，一旦你对周围人报以宽容的心态去给予欣赏，他们就会反过来接纳和欣赏你，你的发展之路也就会轻松顺畅很多。

用耳朵告诉对方"你很重要"

厚道经

> 友善的倾听者会成为受欢迎的人，而缺乏倾听注注导致错失良机，产生误解、冲突和拙劣的决策，或者因问题没有及时发现而导致危机。因此，你要想在社交活动中取胜，倾听的力量可不能小觑。

任何形式的交往都离不开倾听这一重要的环节。一位著名教育家说过："做一个听众往往比做一个演讲者更重要。专心听他人讲话，是我们给予他人最大的尊重、呵护和赞美。"

所以，千万别以为与人打交道只要有一副好口才就行了，耳朵的重要性是万万忽略不得的。

实际上，每个人都认为自己的声音最好听、自己说出来的话最重要，并且每个人都有迫不及待地表达自己的愿望。在这种情况下，友善的倾听者自然成为最受欢迎的人，而缺乏倾听往往导致错失良机，产生误解、冲突和拙劣的决策，或者因问题没有及时发现而导致危机。

因此，要想在社交活动中取胜，你就很有必要把"耳朵"重视起来，善于倾听、懂得倾听。

5 年前，罗翔大学毕业后来到成都郊区的一个旅游景区上班。由于他在学校时读的是文秘专业，所以对旅游业感到十分陌生。

一直到现在，罗翔还清楚地记得去景区报到前夕，当地旅游局局长语重心长地对他说："你刚毕业,在学校发表了不少文章,到景区后可以发挥你的专长,多为景区的发展提建议,多写些旅游宣传管理方面的文章,同时要虚心学习,不懂的地方要多请教领导、同事,做到多听、多学、多思考、多做事,只有这样才能有所进步。"

那个时候,旅游开发在那个县城还刚刚起步,县旅游局成立了接待站,对景区进行管理。接待站站长姓孙,孙站长为人豪爽耿直,也很善谈,但是孙站长也有缺点,有时交办一件事情,本来三言两语就可以说完,他却要仔细地交代,生怕对方不清楚。有时,他批评人也是比较严厉的,再加上他时常表现出来的固执的行事风格,所以,在单位里,喜欢他的人也有,不喜欢他的人也有,但是罗翔却和他一贯相处得很好,他对罗翔也很信任,原因很简单,罗翔尊重他,多听、多做、少评论。

在后来的工作中,罗翔又接触了几任景区领导,也深得他们的信任,重要原因之一在于他认真倾听,同时他在倾听中也学到了很多知识和做人的道理。

案例中的罗翔用倾听为自己赢得了和领导之间融洽的相处,即使是一个严厉、固执、啰唆的领导,他都能够赢得对方的好感,如果是其他的领导,就更不在话下了。

实际上,每个人都有表达的欲望,人们都希望自己的存在能被别人注意、自己的声音能被别人听到,似乎只有在表达之中才能获得一份满足。但在这样的表达中,我们可能并不会取得自己所希望的效果,自己一味地倾诉,最后发现对方根本不感兴趣,甚至因为过度地表达,还会引起对方的反感。适当的时候,给予对方表达的机会,也许会取得非常好的效果。而要舍弃表达自己的机会,就需要一份内在的涵养,在尊重他人的同时,自己才会被尊重。

梦瑶是一位资深经理人,在谈到自己如何管理好下属时,她讲了这样一件事："一次，公司有个业绩不太好的业务员找我谈心，我当时正好患了急性喉炎，嗓子说不出话来，于是，我就非常用心地倾听这个业务员说话。一个多小时过去了，这个下属从青春期时因父母总是吵架而影响了自己的性格说到上班后很想做出一点儿成绩，再到最近的业绩不佳、信心大减，总怕别人瞧不起自己。最后，这个下属激动地说：'林总，您能听我唠叨这么多，我真的非常感动。谢谢您，我以后一定好好工作。'"

后来，这个下属果然像换了一个人似的，做事积极，性情也变得很开朗，业绩也开始逐步上升。这件事使梦瑶深深地领悟到倾听对管理工作的影响力。此后，她在进行员工管理的时候都会尽量多倾听下属的心声，从而收到了很好的管理效果。

由此可见，一个善于倾听的领导对于下属的影响何其之大！结合上面的案例和论述我们不难发现，不管你是职员还是领导，倾听对于你拥有好的人际关系、顺利地开展工作都是至关重要的。

其实，每个人都希望自己讲的话能受到别人的重视，而对方耐心地听他讲话就是在向他表达这样一个意思："你说的话很重要，我非常愿意倾听。"这样就能够维护讲话者的自尊心，同时也使其更愿意将自己的真实想法说出来与自己分享。

因此，在人与人的交流中，最好的方式就是倾听，这是一条亘古不变的经典法则。一个厚道的人会少说多听，并且能够熟练驾驭倾听的技巧和方法，如此一来，获得良好的沟通效果则不是什么难事了。

赋予信任，原谅朋友的过错

真正的友谊是经得起任何狂风暴雨的打击的。只要你能够对朋友真诚相待，那么对方也会以最大的忠诚回报你，而这，正是友谊的真谛。

朋友是一个很简单的词，但其中的含义却并不简单。真正的朋友之间虽然难免会产生矛盾，甚至给彼此造成伤害，但并不会对此耿耿于怀。如果无法做到这一点，从严格的意义上讲就算不上真正的朋友。

我们知道，人无完人，朋友也不例外。如果你因为朋友偶尔的过错就完全将他否定，以致不再信任他，这不仅是对朋友的背叛，也是对自己的背叛。当你遭遇被朋友伤害的时候，你不妨冷静下来，和自己的内心对对话：这个朋友是自己寻觅到的，可以说来之不易；对于他的过错，真的不可以原谅吗？换一下位置，如果对方不原谅我，我又会有怎样的感受呢？

其实，只要朋友认识到并承担了自己应负的责任，那么他的过错应该是可以原谅的。

在英国曼彻斯特郊区的一个小镇上，有一个叫丹尼尔的地痞，他整日游手好闲、酗酒闹事，人们见到他都唯恐避之不及。多年前的一天，他因为醉酒后失手，打伤了前来上门讨债的债主而锒铛入狱。

丹尼尔在铁窗里经过一番教育和思考后幡然悔悟，对自己以往的言行感到深深懊悔，他在监狱里的表现也更加积极起来。

有一次，监狱里发生了犯人集体越狱事件，他冒着巨大的危险协助监狱制止了这次行动，从而获得了减刑的机会。

丹尼尔从监狱里出来后，重新回到小镇上，他早已下定决心重新做人。可是，人们知道他的经历后都不愿意接受他。所以过了好长一段时间，丹尼尔都找不到工作。

后来，丹尼尔身上实在没钱了，连吃饭都成了问题，于是他不得不到亲朋好友家去借钱，然而却没有人同情他，人们投去的都是一双双不相信的眼光。

然而，就在他绝望的边缘，丹尼尔小时候的朋友约翰听说之后就取出了 500 美元送给他，丹尼尔平静地接过钱，看了一下这位朋友，然后就消失在小镇的小路上。

几年之后，丹尼尔从外地归来，他靠当初朋友给的 500 美元起家，经过一番艰辛的拼搏，终于成了一个腰缠万贯的富翁。当他带着漂亮的妻子来到约翰家的时候，他眼含热泪，激动地说："谢谢你！你是我真正的朋友，是你对我的信任让我有了重新站立起来的勇气。"同时，丹尼尔还拿出 1000 美元递到了朋友手上。

这个案例不得不令人感动。正是朋友的一份信任、一份对自己过错的原谅，让即将走向极端的丹尼尔获得了拯救。

可以说，对朋友而言，你的信任是对他最好的支持，因为你的信任可以帮助他重建心理上的道义、帮助他重新认识人性，其中的意义显然超过任何有形的支援。

事实上，真正的友谊是经得起任何狂风暴雨的打击的，只要你能够对朋友真诚相待，那么对方也会以最大的忠诚回报你，而这，正是友谊的真谛。

不得不承认，在日常生活中，即便是最要好的朋友也会有产生矛盾和摩擦的时候，朋友也许会因为这些摩擦而分开，但每当夜阑人静，我们遥望星空，总会想起那些曾经的美好回忆——关于友谊的点滴美好。事实上，对任何人而言，真正的朋友都是我们一生中极为珍贵的财富，而我们决不能因为一时的矛盾而将朋友放弃、将友谊掩埋。

我们应该让自己知道，没有不犯错的人，我们、我们的朋友都不例外。当朋友犯错或者做出伤害我们的事情后，我们应该克制自己的怒气，多给朋友一些宽容和信任，这样，朋友会因为我们的宽容和信任而回馈我们更多，此时，朋友间友谊的大厦也就越来越牢固、越来越美丽。

拒绝的话要婉转地说

无论是在生活与工作中，还是在人际交往中，每个人都会碰到一些别人不合理的要求或是自己不愿意接受的事情。直截了当地拒绝别人，会觉得太伤颜面；而不拒绝又会委屈自己。

所以，如何巧妙地拒绝别人、如何巧妙地说"不"便成了一门艺术。

然而，有些人往往因为天性善良，当面对别人的请求或者命令时，即使自己不情愿去做，也不好意思拒绝别人。所以，有些时候，他们为了息事宁人而强忍着，宁愿当个"烂好人"。还有一部分人则抱着观音菩萨的心肠，从来不拒绝别人，他们觉得说"不"是伤感情的行为，这会使他们有罪恶感。这样的人往往在同事们中是好伙伴，在生活上也是体贴温顺的朋友或爱人。

当然还有一部分人，他们拒绝别人的时候特别生硬，不懂得给人留面子，使本来稳定和谐的关系却因为说话不中听而变得出现障碍。

不管是说不出"不"字还是说得太生硬，两者都不可取。不敢说"不"的人，他们的目标是让别人喜欢和爱，但代价却是牺牲自我；说"不"过于生硬的人，虽然表面上看，自己没受什么损失，但是无形中却伤害了对方的感情，对于彼此关系的发展显然不利。

我们先来看一个故事。

临到周末了，同事们都在筹划着周末两天的安排，可李悦却为自己安排了满满的"任务"：第一项，女儿要考试芭蕾课，周六要陪她去舞蹈学院排练一上午；第二项：周六下午陪婆婆去和房客签约；第三项：周日上午要陪小姑子挑选婚纱；第四项……当看到别的同事都是讨论去哪里玩或者去哪家餐厅吃饭时，李悦却只有唉声叹气。她成天为别人的事忙碌，感到很累很烦，也很不情愿，她恨不得能有孙悟空的本领，来个分身术。

办公室一个与她关系不错的同事对李悦说："谁让你逞强的，总是应下一大堆事儿？"

李悦回答："我也没办法呀，别人都开口了，我怎么好意思拒绝人家？"

同事太了解李悦了，她正是那种有求必应的热心人，只要别人开了口，她总碍于面子，怕惹别人不高兴，心里再不情愿也要硬撑着答应下来，"不"字从她嘴里蹦出来似乎比登天还难，到头来往往搞得自己心力交瘁、疲惫不堪。……

工作中，李悦也常常如此，担心如果自己不承担所有交代下来的工作就会惹上司不高兴，于是有求必应，从来不考虑自己的承受能力，结果把分内的工作都给耽误了。

虽然我们从小就被灌输助人为乐的处世原则，但我们在给别人提供帮助的时候也不要太盲目,把帮助别人当成一种义务或责任,而应根据自己的承受限度来定,量力而行。

我国著名作家贾平凹曾说过:"行走于世间,接纳或拒绝、爱或不爱、放弃或执着……每个人都应有接纳与宽容之心,但也要学会拒绝。"如果遇到明知不可为的事情还硬着头皮去"为"的话,只能让自己承受痛苦。

所以,在这个时候,我们要相信自己的判断,敢于大胆地说"不"。仅仅为了一时的面子而勉强行事是最不明智的行为。俗话说得好:死要面子活受罪,道出的就是这个道理,因此可以说,为了我们自身的身体和心理健康,我们有必要学会有效地拒绝别人,这也是人际交往中的一种策略。

邢小飞和女友相识 3 周年的纪念日就在这个周五, 可是当离下班还有 10 分钟时,邢小飞却听到部门领导在 MSN 上呼叫:今天晚上留下来吃饭,约好了一位客户谈目前这个项目的事情。

顿时,邢小飞晕了,就像当头泼来一盆冷水,把他一颗热切的心给浇得冰凉,但是,邢小飞真的不想错过今天这个重要日子里的约会,他琢磨了一会儿,凭着自己几年来和领导的关系,再加上自己幽默风趣的性格,相信领导能够放他一马。

于是,邢小飞通过 MSN 对领导说:本人是公司著名的"妻管严",地球人都知道,要不是为了溜溜的她,俺哪敢和领导讲条件?再说,俺要敢放俺那口子鸽子,俺可能会有生命危险。

等了一会儿,领导回复邢小飞:这个客户很难约,她平时很忙,正巧今天有时间……听到此,邢小飞依然没有放弃,他继续使用自己的"伶牙俐齿"试图说服领导:当然,我可以因为您是我的领导,可以加我的薪、升我的职,我就不顾女友答应加班,但您听没听过这样一个故事:"古代有个国王,他有一个很好的厨师可以做出天下美味,有一天,这个国王不经意间感叹:'有你这样的厨师真好呀!我现在除了人肉,天下的美食差不多尝尽了。'第二天,厨师给国王煲了一碗羹,原料就是厨师的小儿子。国王感动不已,对厨师大大地封赏,这时就有人对国王说:'大王,您一定要防着这个小人,他可以杀了自己的儿子来讨好您,也可以杀了您来满足他的私欲。'当然,故事的结局谁都猜到了,国王杀了进言的人。可后来厨师真的杀了国王而自立为王,而且是个极其残暴的家伙,后来被人推翻了。您想呀,如果我要是因为您是我的领导我就置自己最爱的女人而不顾,那么,今后要是有利可图,我也一定会置您于不顾;反之,我现在可以为了我的女友而敢于不听您的话,执意不加班,那么今后如果有可以给我更多好处的人、有更大的领导要求我背叛您的话,我也是一定不会同意的,您说对吗?"

此时,时间已是 5 点 25 分,超过了下班时间 5 分钟,邢小飞急得像热锅上的蚂蚁,他心想:如果这招不灵,就只能失女友的约了。可是,又过了一两分钟,从 MSN 上发来领导的回复:你不要加班了,这事由我来做,你去陪你的女朋友吧,代我向她问好。

看到这句话,邢小飞以最快的速度关掉电脑,然后拎起包飞出了办公室。

作为下属,接受上司的"发号施令"实属正常,但也有断然拒绝的权利。当然,这是以正当理由为前提条件的。你若要拒绝别人,一定要斟酌好语言、掌握好说话尺度。

那么,怎么拒绝他人既能让自己摆脱麻烦,又能让对方容易接受呢?

总的来讲,应该采取"有礼有力"的策略。所谓有礼,即指有礼貌,也就是要尽量照顾别人的权益和别人的情绪,用词说话要婉转一些,切忌生硬地顶撞别人。

所谓有力,是指有力量,即你的意思要明确地表达出来,让对方知道你的内心为此而产生的不愉快的感受。比如, 当你在电影院看电影的时候,前面坐着的两个人在大声地讨论剧情,妨碍了你的观赏,你就可以对他们说:"对不起,我有点儿听不清电影中的人在讲什么。"

这样一来,说出的是我们自己的感受而没有怪罪别人的意思,对方一般比较容易接受。相反,如果你怒气冲天地大声对他们嚷:"你们俩怎么回事啊,这么大声说话,吵死人了!别人还要看电影呢!"这样一来,虽说这样的话也能达到提醒别人的目的,但却容易让对方感到不快,而你自身所表现出的怒气也会显得你缺乏素养。

再比如,当一位同乡向你借钱买东西,而你早就了解这个人是经常借钱不归还的人,这时候,你可以说:"我没零钱,不能借给你。"或者说:"对不起,我不是总有零钱。"

总之,要委婉地拒绝别人,就要先学会自如地表达自己否定的、不愿意的感受,以直率、诚实和恰当的方式表达自己的感觉。

为批评裹一层糖衣

厚道经

你要想指出别人的不足之处,就一定要考虑周全,在时间场合和人物等多种因素都合适的情况下,再用婉转的语言进行批评。

自尊心是每个人所具有的天性,所以,十分诚恳地接受他人的批评并非一件容易的事,但如果能在批评他人的时候放一点儿"调料",就可能会让对方舒服很多。

我们都知道,在一些药物的最外一层包裹着一层甜甜的糖衣,其实这是药物研发者的高明所在,因为这样,服药者就不会感觉到那么苦了。

其实,我们对别人进行批评的时候也不妨给批评包裹一层"糖衣",这样听者可能就舒服多了。

郭瑶在一家公司的行政部门工作,她和同事徐丽的关系很好,两个人经常搭档做事,一直配合得很好,但徐丽有两个缺点:一是爱占小便宜,二是借口很多。

因为公司的行政部门会负责一些采购工作,徐丽就在采购的时候顺便给自己买一些小东西,然后拿到财务报销,她还喜欢找借口,比如,明明是因为自己起晚了而迟到,她却说等不到公车报表没完成,就说电脑出问题了等。

一天,行政部收到上级指示:布置会场。郭瑶当时正在与财务核对一些账单,就让徐丽去做这件事情。谁知,几个小时后,当郭瑶赶到会场时,发现条幅、桌椅放得乱七八糟,她便问徐丽是怎么回事,徐丽又开始找借口,说是其他员工不配合所致,郭瑶的火一下就上来了,当着几个员工的面将徐丽狠狠地批评了一顿,并不只是针对布置会场这件事情,还将她的种种缺点都数落了一遍,徐丽满脸通红、一言不发。

从那以后,徐丽像变了一个人似的,少言寡语,到点就下班。有时,郭瑶找她商量事情,她也很少发表意见。郭瑶非常不解:"我只是指出她的缺点,批评她几句而已。不是说忠言逆耳利于行吗?怎么我说她几句,她就变成这个样子了?"

良药苦口利于病,但在现实生活中,批评的确不如良药那样为人所乐于接受,甚至成了难以下咽的"苦药",因此,批评要学会变"害"为"利",使"硬接触"变成"软着陆",即在"苦药"上抹点儿糖,看似失去了锋芒,但药效却不减。

在中学时,我们都学过《邹忌讽齐王纳谏》这篇文言文,其中的邹忌就是这一做法的擅长者,在此我们再回顾一下这个故事。

邹忌身材高挑,有8尺之多高,长相也十分英俊,可称得上是一表人才。

一天早上,他把衣服穿好后,戴上帽子,对着镜子照了照,然后问妻子:"我跟城北的徐公比,谁更美啊?"妻子回答:"您英俊极了,徐公怎么能比得上您呢!"原来城北的徐公是齐国的美男子。邹忌不相信,就又问他的妾:"我跟徐公比,谁漂亮?"妾说:"徐公哪里比得上您呢!"第二天,有位客人从外边来,邹忌跟他坐着聊天,问他道:"我和徐公比,谁漂亮?"客人说:"徐公不如您漂亮啊。"又过了一天,徐公来到他家,邹忌上上下下打量了一番徐公,不得不自叹不如。

到了晚上,邹忌辗转反侧,反复想着这件事。经过一番思考,他终于想明白了,原来,妻子赞美自己,是因为偏爱自己;妾赞美自己,是因为害怕自己;客人赞美自己,是想向自己求助点儿帮助。

于是,邹忌上朝延去见威王,说:"我确实知道我不如徐公漂亮。可是,我的妻子偏爱我,我的妾怕我,我的客人有事想求我,都说我比徐公漂亮。如今,齐国的国土方圆1000多里,城池有120座,王后、王妃和左右的侍从没有不偏爱大王的,朝廷上的臣子没有不害怕大王的,全国的人没有不想求得大王的恩遇的。由此看来,您受的蒙蔽一定非常厉害。"

从中不难看出,邹忌劝谏齐威王并不是直言相告,而是拐了个弯,先从自身的小事说起,用"顺耳"之言引起齐威王的兴趣,然后再耍点儿嘴皮子功夫旁征博引,让齐威王"乖乖就范"。最终,齐威王果然心悦诚服,采纳了邹忌的观点。

其实,在人际交往中,对于任何谏言行为,我们都可以采取一些巧妙的方法,这样,不管是领导还是同事,抑或朋友都会更容易接受我们的建议。那么,如何才能说出顺耳的忠言,让批评能够被他人更好地接受呢?

首先,批评的话要当面说,而不要在背后胡乱议论。当你发现别人有做得不对的事或者说得不对的话，我们不要当面指出来，因为这样才能让对方非常清楚地了解自己的批评意图和态度，同时也有助于增进彼此的了解。如果在背后议论别人哪里做得不对，当第三者将批评的话传到对方耳朵里时，信息就可能失真，而且也会让对方多心，产生不必要的误会。

其次，就事论事，不要涉及其他。有些人有"翻旧账"的毛病，当看到别人做出不正确的事情时，往往就下意识地将其所有的优点和长处忽略，而且瞬间会想起这个人所有的"历史问题"。岂不知，这种做法是批评中最为忌讳的，会让对方很反感，因为旧账在"结案"后，受训者认为自己已经得到了对方的原谅，相信对方不再计较过去的事，所以，当对方翻出"旧账"时，受训者会有这样的想法："原来他只是装作忘记，事实上他仍记挂在心。"如此就会不再信任对方并逐渐远离他。

最后，在批评别人时不要带有人身攻击。任何人都有自尊心，即使犯了错，批评者也不要用带有攻击性的语言来"敲打"对方，因为这样做很容易让人厌烦甚至记仇，所以，当你有必要指出别人的失误或者错误的时候，一定要使用婉转的语言，而决不能伤害对方的自尊心。

要知道，不管是你自己还是与你打交道的人们，每个人都是有着强烈自尊心的，所以，即使你的忠告是出于对彼此的提醒和爱护，也难免触动对方的伤疤。因为对任何人来说，被当众揭短都是很难堪的事，对方甚至会认为你并非善意，而是想让他当众出丑。所以，你要想指出别人的不足之处，就一定要考虑周全，在时间、场合和人物等多种因素都合适的情况下，再用婉转的语言进行批评。

不要做揭人之短的事情

厚道经

　　人们对于自己的忌讳之处是很怕被别人指摘的。你一定要学会对他人的短处包容和回避。事实上,在你这样对待别人的时候,也正是完善自己的时候。

　　虽然每个人都在努力追求自我完善,但无论做出怎样的努力,都不可能达到完美的程度。也就是说,每个人都会有自己的弱点、缺点甚至污点,而自尊心又驱使我们不愿意让别人触碰自己的这些所谓的短处,所以在谈话的时候,我们就会期待能够避开这样的问题。推己及人,和我们交往的人同样有这样的想法。

　　所以,在交际场合,你一定要注意谈话的方式,一定要避开对方所忌讳的短处。假如没有做到这一点,那么很可能会因此而遭人冷眼甚至引发事端,从而后悔不及。

　　老刘身材高大、长相英俊,但美中不足的是刚过不惑之年就已秃顶。为此,老刘很是遗憾,这件事成了他心底的一块硬伤。

　　平时要是有人戏谑他"地方支持中央",他一定会懊恼不已、茶饭不思,睡不着觉;即使有人无意中在他面前说一句"这盏灯怎么突然不亮了",或者"今天真是阳光灿烂"等话,他的神情都会出现极大的不自然,觉得仿佛是在说自己似的。

　　从这个简短的案例我们可以看出,人们对于自己的忌讳之处是很怕被别人指摘的，哪怕是无意的，也会让自己很不舒服。

与此类似，在鲁迅的那篇《阿 Q 正传》中，即使是一个很会用精神胜利法安慰自己的人，也怕别人说自己的短处。比如，阿 Q 在遭受别人欺辱打骂的时候会控制自己，心理很快会恢复平衡，但唯独忌讳别人说他"癞"，因为他头皮上的确有一块不大不小的癞疮疤，但凡听到别人当他的面说"癞"字或者仅仅是发一个近似于"癞"的音，或提到"光"、"亮"、"灯"、"烛"等字，他都会"满脸通红地发起怒来，口讷的便骂，力小的便打"。

由此可见，忌讳心理在人们身上体现得何等明显。其实，不仅老刘和阿 Q 如此，忌讳心理人皆有之。摩洛哥有句俗语是这样说的："言语给人的伤害往往胜于刀伤。"因此，在与人相处的时候，要想与对方搞好人际关系，你一定不要揭别人的短处。

我国民间也有句俗语："打人不打脸，骂人不揭短。"因此，在和别人打交道的时候，你千万要注意不能信口开河、揭人家的伤疤。很多时候，可能仅仅由于你对别人"伤疤"的维护而让对方对你更加信任和尊重，他自己的自信心也因此而更加强大起来。

一位国外女钢琴家非常有才气。到现在，她仍记得 10 岁那年，因为别人对自己短处的保护而让她充满了自信，一直在钢琴路上走了下来，并取得了今天的成就。

原来，这位女士从小性格就大大咧咧、做事毛毛躁躁，在表演中经常出现各种各样的突发状况。

多年前，她要去很远的地方参加一场钢琴比赛。这是一场规模大的钢琴比赛，前来参赛的选手有很多，而评委们也都是很有权威的专家。

然而，轮到她表演的时候，"故障"出现了，她的裙子上的大蝴蝶结上面的细绳不知道在什么地方刮坏了，导致整只"蝴蝶"严重变形，而且细绳下面还耷拉了很长一段，像个小尾巴似的，她觉得非常尴尬。

可是，她已经出场了，要退回后台是不可能的，于是，她大大方方地走到舞台中间，很自信地弹着她准备好的曲子。她的出现让台下的观众们窃窃私语，大家都在悄悄议论起这个"衣冠不整"、蝴蝶结严重变形的女孩。但是，所有的评委没有一个对她那前襟处扭曲的蝴蝶结而流露出不满，而是认真地听她演奏。

出乎大家意料的是，她获得了巨大的成功，全场的听众和评委都情不自禁地为她鼓起掌来。

看过这个故事，不得不让人感慨评委们的包容对这个女孩的影响何其深远，有人把这次比赛中评委的宽容称为人类艺术史上一次耐人寻味的包容。

在如此隆重的场合，评委们没有揭发女孩的不足之处，而是包容了她的麻痹大意。而正是这份包容成就了她的钢琴生涯，也谱写了艺术史上的一段佳话。试想，如果当时评委们揭了她的疮疤、指摘她衣饰的问题、批评她马虎大意，那么她的心灵难免会因此而蒙上阴影，或许人类艺术史上又少了一个伟大的钢琴家。

由此可见，你一定要学会对他人的短处包容和回避。事实上，在这样对待别人的时候，也正是完善自己的时候。

第 **6** 章

诚信是你一生最有价值的投资

诚信是你人生道路上最重要的坐标,没有它,你的人生之路必然是一片迷茫与黑暗;诚信是人类灵魂和道德天平上最沉重的砝码,没有它,人类的灵魂和道德将会充斥虚假和伪善;诚信是一涧山巅的飞泉,唯有它方能洗尽浮世铅华,洗尽躁动不安的心境与虚假,留下启悟人们心灵的妙语灵谛。

恪守诚实是厚道的最好证明

厚道经

> 为人处世，最重要的就是诚实，不为一点儿小利就做出撒谎和欺骗的行为。在生命的汪洋里，我们应当做一名诚实厚道之人，让诚实化为一股促进自己前进的力量，扬起生命的风帆。

一个人做人的基本品质是诚实，它是人们交往的相互依赖与友好的基石。在生活中，任何人都不喜欢和撒谎成性的人为伴，都喜欢与诚实的人打交道，因为和诚实的人在一起会心生一种安全感，不需要处处设防、心有疑虑。

所以，在人际交往的过程中，你一定不要耍小聪明、不要口是心非。因为，随着时间的流逝，你所耍的小聪明肯定会被识破。到那时就会导致朋友离去、信誉全无，使自己追悔莫及。

而厚道之人则是有什么就说什么的诚实人，从来不会耍心眼、玩弄无中生有的伎俩，即便利益摆在面前，他们也绝对不会越雷池一步。正是由于他们恪守诚实，别人才会对他们产生信任，从而让他们得到更多的机会，取得事业上的成功。

以前，有一位老国王十分宽厚仁慈。由于没有子嗣，加上身体也一天不如一天，于是他便想找一个人来继承皇位。

这一天，他思来想去，终于下定决心要在国内找一名诚实的孩子做自己的接班人。

找接班人的告示贴出后，很多家长带着孩子纷纷拥进王宫。在殿堂上，老国王看着笑脸如花的孩子们，就拿出许多花籽儿发给每一个孩子，说："我老了，要是谁能用这些种子培育出最漂亮的花儿，我就让他做我的继承人。"

孩子们看着手里的花籽非常高兴，回到家后，他们在大人的帮助下播种、浇水、施肥、松土，不分昼夜地照看。在这些孩子中有一个名叫杰克的孩子，他整日用心地培育花种，然而10天过去了，一年过去了，花盆里的种子始终没有发芽的迹象，于是他十分纳闷，便问母亲为什么种子迟迟没有发芽，母亲回答说："我也不太清楚，你将花盆里的土换一下试试。"杰克照着做了，可是情况依然如故，花种始终没有吐出他希望的嫩芽。

时间过得很快，国王规定的献花的日子到了，别的孩子都手捧一盆盆鲜花进入皇宫，等待老国王评判，只有杰克捧着空空如也的花盆站在皇宫门旁低头哭泣。这时，国王出来了，他看着一盆盆绽放的鲜花，脸上的表情变得越来越严肃。

突然，国王的眼睛一亮，径直走到杰克身边，问他花盆为什么是空的。杰克以为国王觉得他笨，于是哭得更厉害了，可是，国王却面带微笑，没有一丝责备，拍了拍他的肩膀，又问了一遍，杰克边哭边说自己是怎样精心培育花种，种子却始终都没能发芽、开花的经过，国王听完后，高兴地一把抱起他，热泪盈眶说："我的孩子，你正是我要找的继承人。实际上，我给你们的种子都是煮过的，是无法发芽开花的，你是所有孩子中最诚实的人。"

因此，杰克便成了王位的继承人。

故事里的杰克之所以会在众多孩子中被国王选中，就是因为他做人诚实，而那些没有被选中，甚至国王看都不看一眼的孩子，其缺少的正是诚实的品德。

在现今社会,诚实是厚道人的优秀品质,在厚道人的身上才会发现诚实的光芒,所以,当人们看到这样的光芒在谁的身上出现时,便会不由自主地对他产生敬佩之情。因此,如果你想得到他人的敬佩,就需要始终坚守诚实。

在西方,一家著名的跨国企业举办了一场招聘会,职位只有一个——销售主管。然而,来此应聘的人有很多,经过初步的几轮筛选后,最后一轮只剩下3名应聘者。

这3个人中有一个叫做约翰的人最后一个走进了主面试官的办公室。他刚进来,主面试官就上上下下打量了他一番,然后眼神一亮,一脸惊喜地跑过来抓住他的手,亲切地拥抱了他一下,然后激动地说:"先生,我可找到你了!"接着转过头对女秘书说,"他就是上周在公园的湖里救了我女儿的年轻人。那个时候,他不留姓名就走了,可巧今天再次碰到了他。"

约翰一脸茫然,心想:"面试官肯定认错人了。"这时,他看到眼前似乎出现了一位幸运女神,正在向自己微笑。不过,他马上镇定了下来,对着还处于激动中的经理说:"先生,我不是您要找的人,您认错人了。"

"我认错了?绝对不会,我清楚地记得上周那个年轻人的脸上也有与你脸上一模一样的痣。"

冷静下来的约翰更是坦然了,平缓地说:"先生,您认错了,上周我都没有去过那个公园。"

3天后,约翰来公司任职的时候,关心地问经理的秘书:"对了,主面试官找到他女儿的救命恩人了吗?"秘书听后哈哈大笑起来:"哪有什么救命恩人呀,主面试官只有一个儿子。"

可以试想,假如约翰以主面试官女儿的救命恩人自居,那么他还会被录用吗?答案是否定的。约翰正是凭借自己的诚实赢得了理想的工作。

诚实是做人的基础,也是一个人走向成功的资本。在日常生活中,尽管你会因为讲实话而失去一些东西,可是在人生长河中,这些因诚实而失去的东西就会成为一种具有价值的投资,说不定在某天就能让你得到丰厚的回报。

可以试想,假如你因不诚实、不厚道而变成了伪君子,你便会千方百计去维护这个伪装,直到某天被真实所戳破,这样一来,社会及他人就不会再相信你,更不会来帮助你,如此,你无形中就会被周围的人孤立,从而为曾经的谎言付出严重的代价。

因此,你一定要努力做一个诚实、厚道之人,让诚实的风帆带你在人生的海洋中远航。

带着诚信,迎接机遇的到来

厚 道 经

诚信乃做人之根本,要做老实人、说老实话、办老实事,唯有拥有诚信的美德,机遇便可能在意想不到的时候向你敞开一扇明亮的窗户,向你伸出热情的手。

在如今社会,每一个人都渴望获得机遇,但是机遇会青睐什么样的人呢?有人回答聪明的、有远见的、努力的人……没错,拥有这些素质的确是让机遇青睐的理由,但是还有更为重要的一点,那就是诚信,只有诚信的人才能够获得他人的认可,才能够得到他人的支持,也才能够获取永久的成功。

20 世纪 90 年代初,随着下海淘金的浪潮,内地一些不甘平庸的青年开始拥向南方。在那种火热的大环境里,有一位年轻的小伙子也开始进入淘金的大军，只身一人坐火车南下，寻求事业发展的机会。

由于是第一次出远门，让这个小伙子感到非常兴奋，于是他在出发之前的几天里都没怎么合眼。等到上车后，由于疲劳过度，他的双眼开始变得沉重，最后竟然在"轰鸣"的火车上睡着了，等一觉醒来，目及的城市就在眼前。

可是，就在这时，他发现自己的旅行包不翼而飞了。他所带的证件、现金以及车票都在里面，而没有票，自然就出不了站。就算可以出站，但身无分文又应当怎样生存？于是，他想不出站，而是直接补票回去，然而补票的钱又从何来呢？万般无奈之下，于是他鼓起勇气拉下脸面尝试向周围几个旅客借钱，可是都没能成功，因为他不能提供有力的证据证明自己的身份，大家都是萍水相逢，谁会相信他呢？

最后，实在没有办法，他低着头向一位戴眼镜的老先生走去："您好，先生，我的行李被偷了，里面有钱和证件等，您可不可以借给我300元返程的路费？我回去后，一定会双倍奉还，谢谢您了。"小伙子恳切地说。

老先生看了他一眼，然后犹豫了一下，拿出了钱。一番感谢之后，小伙子一再坚持让老先生留下地址，对方推辞老半天，最终才写了一个地址给他。返回家后，小伙子马上把600元钱寄给了那位老先生，并附寄了一封信，在信内万分感谢素昧平生的老先生对他的信任。

不久后，他办好了相关证件再次南下，很快他就被某家公司聘为采购员。由于公司刚刚成立，采购部只有他一人，于是，所有的采购都由他负责。这时，公司因为做了一笔大订单，资金十分紧张，眼看由于原料缺乏，工厂面临停产的危险，可是，任他跑断了腿、说尽了好话，也没有供应商愿意在不付款前为他们供货。

最后，老总只得亲自出马，带着他前往广州，找当地一位大供货商协商。在路上，老总说他们去见的人是业内最大的原料供应商，不过这个人有一个特点,就是从来不会轻易赊账,除非对方是信誉以及和他关系特别好的老客户。假如可以得到他的帮忙,那么公司一定会顺风顺水。然而,因为是初次与对方打交道,这次行程能不能取得成功,老总也没有底。

在见面的时候,这个小伙子猛然发现这位供应商正是火车上借钱给他的那位老先生。接下来的事情变得顺利起来,都说一回生,二回熟,他们聊了很多。老先生看着这个小伙子,十分感慨地对他说:"那个时候,我给你钱,其实根本就没有想过你会真的还我。"

小伙子笑了笑,回答:"假如我对信任我的人失信,那么这辈子我都会愧疚不安!"

"小伙子,感谢你如此尊重我,和你这么讲信用的人合作,我很高兴,也很放心!"老先生说完后,当即与小伙子的公司签订了一份长期的供货合同。

以上的故事耐人寻味,如果年轻小伙子因为一时的贪念和一时的所谓精明,不信守承诺不还老先生的钱,那么老先生还会在后来相信他吗?还会和他的公司签订合同吗?答案肯定是不会。小伙子最终因聪明的最高境界——守信,为公司赢取了来之不易的机遇。

守信是做人的基本原则,亦是一种投资,尽管它没有为人们设置考场,然而却随时随处接受考验。当考验来临的时候,你不可能因为主观或客观的因素而退让或徇私,否则,结果就将是残局,只有守信、坚定原则,才能得到他人的赞许。

一家文化公司准备做一本杂志,于是紧锣密鼓地四处搜罗人才。杨广和孙青被朋友推荐到了这家公司,在谈工资的时候,老板让他们自己报薪水,孙青说,很多家报刊都请他过去,并且出价不菲,月薪 7000 就行。老板犹豫了一下,面有难色,但想想目前正是缺人手的时候,再说,想一下子找到合适的人也很难,于是就点头同意了。他又问杨广,杨广说,杂志刚起步,我先做吧,到时你看着给就行。

实际上，孙青和杨广都知道老板身价千万，根本不会在乎这点儿钱，不过杨广心想：老板虽然是位富翁，但是他的钱也是一点一点挣来的，只要自己将事情干好，老板是不会亏待自己的。而孙青却想：老板有这么多钱，况且杂志又着急上马，这时不宰什么时候宰？

杂志筹办的事情非常烦琐，杨广整日骑着自行车奔走于炎炎烈日下；而孙青则出门就打车，动不动就拿出一叠车票找老板报销。

这天，杨广因为和老板商量一些事情，以致很晚才下班，老板提议找个地方吃夜宵，就问："去××火锅城怎样？"

杨广清楚那是个高消费的地方，于是就说："就我们两，简单吃点儿就行，不必那么破费。"于是，两人在楼下的饭店里只花了10元钱就吃了个饱。回到车上后，老板随手拿起几张发票，话里有话地说："孙青向我报销的，说请了一位关系户吃饭，花了5000多元。"

经过数月的忙碌，事情终于有了结果，杂志一期接一期地开始出版，销量也连续上升。因为老板又进行了别的投资，整日忙得焦头烂额，为此想从他们两人中选一个作为主编，自然，这份担子落到了杨广身上。

之后，又发生了一件事，孙青拿着大把的旅行车票以及请客的发票让杨广签字报销，杨广看了看后有些犯难，这时，孙青恼怒道："公司又不是你的，你心疼什么？"后来，事情传到了老板耳朵里，老板看了看后，二话没说就签了字。这时，孙青的心里暗自得意，不过老板却发话了，让他另谋高就。后来，杨广听别人说，孙青是借着出差的名义带着女朋友出去玩了一圈。

两年后，老板因为其他的投资失误，杂志被抵押变卖。失业后的杨广，将杂志社的事情交代完后就打算到外地谋职。正当杨广将杂志的事物处理完毕，老板打来电话，说有个要好的朋友想与他结识一下。到了饭店，杨广才知道，老板将他推荐给了在电视台做制片人的要好朋友。没过几天，杨广就去了电视台上班，给那位制片人做策划。再后来，又经过原先那位老板的极力推荐,杨广被调进了一家很有名气的杂志社。

孙青认为自己是精明的,处处都想占好处,殊不知,这样做反倒是愚笨的;反观杨广,他以厚道待人接物,表面看来有些吃亏,但实则是最聪明的选择,而最终也因为这样的聪明得到了他人的帮助,终成一番事业。

所以,不管是对老板还是对同事或朋友,都不要只顾自己的利益,不惜采用坑蒙拐骗的方法,而应当设身处地地为他人着想,多点儿担待,多些真诚,而这正是你厚道的体现,是精明的升华,如此你便可以从他人那里获得更多的赞誉,从而获得更多的机会。

一个人如果想在事业上有所成就,就应抓牢机遇来临的每一瞬间,只有把握机遇、勇于冒险,又不失诚信,才是使自己无往不胜的法宝。

做不到的事,就不要轻许承诺

> 对于做不到的事,你千万不能随意承诺,而一旦对他人许了诺,就要尽力去做好。只有这样,你才能广结善缘,才能赢得他人的信任和回报。

厚道的人是不会为了虚荣而夸下海口的,他们能清楚地估量自己的能力,有多大本事就做多大的事,能帮助别人就尽量帮,不能帮助他人也不会随意应承。

古人云"君无戏言",说的正是承诺。对于遵守承诺之人,很多人却常常嘲笑他们,说他们不懂得变通、墨守成规。可是,假如一个人不信守承诺,那么长此以往,还会有谁相信他呢?

如果你对他人有过承诺,那么就一定要做到,要知道言而无信的人是非常危险的。生活中,许多人都做过空洞的承诺,然而这些承诺给他们带来的除了鄙视以外,更多还是失望和悲哀。

西周时期,君主周武王去世,随后周成王继位,然而,由于周成王年纪尚小,就由他的叔父周公旦摄政。周公旦充分发挥其聪明才干,根据周王朝的实际情况制订出一套典章,将周朝治理得国泰民安。

这天,周成王闲来无事,就与弟弟叔虞在宫内的一棵梧桐树下玩耍。正当他们玩得起劲的时候,一阵秋风吹来,梧桐树上的叶子纷纷落下。

周成王顺手捡起一片叶子,一时兴起,就用小刀将其切成一个玉圭,这个玉圭在当时是分封诸侯的符信形状,于是就把它随手送给了叔虞,并开玩笑地说:"弟弟,我要封你一块土地,这个先给你。"

叔虞接过周成王用梧桐叶做成的"圭",兴奋地拿着它跑到叔父周公旦那里,向他告知了此事。

当时,因周成王年幼,周公旦代替他执掌国政。他听了叔虞的话后,便立即换上礼服,连忙跑到宫中去向周成王道贺。周成王见叔父向自己道贺,不明所以,于是不解地问:"叔叔,您为什么要特地穿上礼服,还有,你为什么要向我道贺呢?"

看着已将树叶"圭"忘得一干二净的周成王,周公旦依然面带微笑,对周成王解释道:"皇上,刚刚我听说你已经册封了你的弟弟叔虞!这是件非常好的事情,我怎么能不赶来道贺呢?"

"啊!你说的是那件事啊!"周成王恍然大悟,这才想了起来,不禁哈哈大笑地说:"哦,叔叔,我记起来了,那只是我与叔虞闹着玩的,并非是要真的册封他!"

成王的话音刚落,孰料周公旦立即收起笑容,对他严肃地说:"世间不管是谁,都要以'信'以本,说话也要以'信'为重。作为天子的你,说话不可以随便,更不能像开玩笑那样。如若不然,怎么能让天下的老百姓信赖你呢!如此,你还有资格做他们的天子吗?"

周成王听了周公旦的一番话之后深感惭愧,于是迅速下诏:将唐地册封给叔虞。

这个故事就是历史上著名的"桐叶封弟"。

相信很多人都对故事中周公旦的行为不解,认为他小题大做,孩童之间的玩笑话怎么能当真呢!可是,我们可以试想一下,如果周公旦不这么做,那么朝臣及民众就会认为周成王说话随意、不守承诺。因此,周公旦如此做,正是为了不让周成王落下不守承诺的名声,以树立其天子的威信,对于此,我们能说这不是周公旦最大的精明吗?

为人处世之道,在于信守自己的诺言,这种行为既是一种高尚的品质和情操,也体现了对人的尊敬与对己的尊重。但是,对于有些言过其实的许诺及轻诺应当是我们每个人所要反对的,要知道,言而无信、背信弃义的丑行是为人所不齿的。

公元前408年,魏国与中山国开战,当时魏文侯拜乐羊为大将,领兵5万人攻打中山国。当时,乐羊将军的儿子乐舒在中山国为官,中山国因国力衰微,无法抗击魏国,于是国君就想利用乐羊父子的关系一再让乐舒请求宽限攻城的时间,并说到时自然会答应魏国提出的条件。

乐羊为了减少中山国百姓的灾难,于是数次答应乐舒的要求,并让其转告中山国国君,尽早信守承诺、答应条件。如此几个月过去了,乐羊还没有发兵攻城。这个时候,魏文侯派人来责问乐羊为什么这么长时间还没有攻城。

乐羊回答:"我之所以再三拖延,并非是顾及父子之情,而是为了取得中山国民心,让百姓看清他们的国君是一个怎样失信于人的人。"

最后,乐羊见时机成熟,遂发兵攻城。失去百姓支持的中山国国君,一战即败。

我们总说做人要厚道，中山国国君正是没有做到这一点，数次违背当初说的话，没能信守承诺而导致失去民心，于是城门很快被攻破。那么，如何才能得到他人的信任呢？就是千万不能轻诺于他人，因为轻诺于他人的人必定是没什么信义的人，与其成为不重承诺的人，倒不如起初就不对他人许诺，而一旦许诺就需尽心尽力地去做。

美国国父华盛顿说过这样一句话："一定要信守诺言，不要去做力所不及的事情。"这位伟人告诫人们，为达到目的而去轻诺别人，结果却不可以如约履行，是极易失去依赖的。

因此，一定要记住，只有厚道为人、不轻易许诺，才能获得他人的认可与尊敬。

信用是无形的力量，更是无形的财富

厚道经

　　在竞争日益激烈的今天，信用是最好的竞争手段，守信也是最吸引人的美德。想在商业之战中处于不败之地，就必须坚持诚信的经营之道。

讲信用的人一般被称之为厚道之人，他们懂得信用是一种力量，因而会更加珍惜。讲信用的人的信念是坚定的、稳固的，这样的人可以获得他人的赞誉、信赖及支持。一个人如果失去了信用，那么就不会有人相信他，他的话就会毫无意义可言，从而失去做人的根本，让自己无法立足于社会。

美国总统罗斯福曾经说过:"做一个有信义的人胜似做一个有名气的人。"或许有一天,你会失去所有的地位、金钱和权力,但是你的信用却像是无形的财富,不会被时间洗刷掉。

18 世纪时,一天,英国的一位绅士在回家的时候,有一个穿着破烂的小孩拦住了他的去路。

小男孩冲着他说:"先生,您买包火柴好吗?"

"家里还有那么多呢,不买!"绅士干脆地说完后又继续朝着走。

"先生,您还是买一包吧!我一天都还没过东西了呢!"小男孩又追了上来。

绅士见躲不开他,只好说:"可是,我身上没带零钱呀。"

"先生,那这样,您先把火柴拿着,我这就给您换零钱去。"说完,男孩就拿着绅士递过来的一个英镑跑走了。绅士站在那里,看着手中的柴火,又望着小男孩跑远的街道,心想:"他会不会是骗子?如果他不回来,我上哪儿去找他呀!"绅士等了很久,可是小男孩始终没有回来,无奈之下,绅士只得回家了。

次日,绅士正在办公室内写文件,下属过来说有个小男孩找他。不一会儿,办公室的门被推开了,来者是一个比昨天卖火柴的那个小男孩的个子稍矮、穿着更破烂的男孩。

这个男孩怯怯地看了一眼绅士,然后低声说:"先生,真是对不起,我哥哥让我将您买火柴剩下的钱送来。"

"哦,你是他弟弟啊,那么你哥哥怎么不来呢?"绅士问。

"哥哥换完零钱后,在回来找您的路上不小心被车给撞了,现在正躺在家里的床上呢。"

绅士听后,不禁被小男孩如此讲信用的诚心打动了,连忙放下手中的文件,说:"走,看你哥哥去!"到了男孩家里,绅士见一间阴暗潮湿的屋内放着一张床，床边有一位看起来有些苍老的女人正在照顾躺在床上的卖火柴的小男孩。

卖火柴的小男孩看到绅士进来后，挣扎着坐起来，赶忙说："先生，真对不起，没能按时把钱送给您。"原来，两个小男孩的亲生父母因病去世了，在床边照顾他的是他们的干妈。

绅士被深深地感动了，于是决定今后会承担他们的所需。

文中卖火柴的小男孩在如此贫穷的境况下仍然没有忘记信用二字，即使在受伤后也决然让自己的弟弟送钱给买火柴的绅士。小男孩拥有如此令人钦佩的守信用的品质，不能不为我们带来深思，而最终卖火柴的小男孩也因为信用而得到了那位绅士的资助。

日本"经营之神"松下幸之助曾经说过一句话："信用不但是无形的力量，还是无形的财富。"在竞争日益激烈的今天，信用是最好的竞争手段，守信也是最吸引人的美德。要想在商业之战中处于不败之地，就必须坚持诚信的经营之道。

如果我用信用去获得顾客的信赖，用爱心去对待生活及工作中的每一个细节，如此一定可以为我赢得未来。

在清代，有一个徽州商人名叫吴士东，他在苏州城门附近开了一家小店铺，生意做得还不错。

然而，就在公元 1859 年，太平军开始攻打苏州，没多久，苏州即被攻破，那时，城里的百姓纷纷携家逃难，商家也都关上店门四处避祸。

此时，有一位江西商人因不知时局变化迅速，从上海载了一船丝棉品进入苏州城。等他的船进入苏州后，发现一路冷冷清清，不像先前繁华，于是感觉这一笔生意一定很难做。

不久，船就停在了苏州城门外的码头。江西商人走下码头，进入城里后，发现以前的老客户都已关店举家逃走，垂头丧气的他摇着头来到城门边，一时急得直跺脚。

由于货是从上海运过来的，要是再运回去的话，又会花上一笔费用，何况现在兵荒马乱，四处都在打仗，说不定碰到战火，货被抢了不说，搭上性命就太不值了。

就在他不知如何是好时，一抬眼便看到了位于城门外吴士东的小铺子，于是便走了过去，向吴士东诉说了自己的难处，想请他帮忙，将船上的货留下来。吴士东望了望位于码头上堆积如山的货物，面露难色地说："货太多了，我这间小铺子放不下啊！"

江西商人急切地说："没有关系，能囤下多少就是多少，囤不了的就扔掉。不然，如果要我自己来扔，实在是于心不忍！"说完，江西商人就让人将货物搬到吴士东的铺子里，然后，急急忙忙地离开了苏州。

在之后一年多的时间里，吴士东四处奔走，终于将江西商人的货全部发给了各地的商家。几年后，战局变缓，江西商人再次来到了苏州。等他走进吴士东的小店铺后，吴士东见到他的第一件事就是将以前所卖的货款全部交到他的手上。

这件事很快传遍了整个苏州城，人人都知道了吴士东为人诚信，于是纷纷上门找他洽谈生意，想感受一下吴士东的信用。自那个时候起，吴士东的生意越做越大，终成苏州一位有名的徽商。

在如今竞争激烈的社会里，诚信做人乃经商之道、生财之本，任何经商之人都不要只将诚信挂在嘴边，而要付诸实际行动。只有以信用做人、用信用经商，才能获得他人的认何，赢得生意的发展、壮大。

在我们的人生路上，多数的失败都可以进行补救，唯有失去信用的后果是很难进行弥补的，因此，如果你不想品尝失败的苦果，那么唯有从这一刻开始播下信用的种子，才能为将来赢得一片璀璨的天空。

有信义胜过有名气

厚道经

信义无疑是人生中最无价的财富，也是厚道之人最推崇的做人的标准之一。

人活一世，最重要的就是信义二字。尽管将这两个字写下来只是轻轻松松的几笔，但是它的每一笔里却透露着泰山般的深沉。

无论我们面对的是家庭还是职场，也无论我们是务农还是经商，信义二字都不能够被抛诸脑后，因为讲信用不仅是一种责任，更是为人处世的根本。一个人只有拥有了信义，才能够被他人信任、被机会光临；一个人也只有讲信义，才能够问心无愧地拥有自己的一片天地。

我们说"没有规矩，不成方圆"，做人与做生意也是同样。红顶商人胡雪岩有一句经常说的话："做人无非就是讲究一个信义。"胡雪岩之所以能够被世人敬仰，不光是因为他的成功，更因为在他的身上淋漓尽致地体现出了信义二字的含义。

13岁的胡雪岩一日在野外放牛，在路过一座凉亭时，忽然看到一个蓝布小包。因为好奇，胡雪岩便将它打开，只见里面有一些银票及现银。然而，没有钱的胡雪岩并没有把这些钱财拿回家，而是坐在亭内等待失主来找。

可是，胡雪岩一直等到太阳下山，还是没有等到来人，正当他准备将钱财拿回家，明日继续来此等候时，有一个人急匆匆地跑了过来。经过确认,这个人是一位米商,蓝布小包正是他的。米商看到胡雪岩如此讲信义,感动之下就将其带到了杭州。从此,胡雪岩迈入了经商之路。

后来,生意做大的胡雪岩仍旧坚守信义的原则。一天,一个名叫罗尚德的军官在上战场前把钱存进了阜康钱庄,可是他坚决不要阜康钱庄出具的存折。他说自己相信阜康的信用,何况现在就要打仗了,能不能活下去还是一回事,如果自己活不了,那么要存折也没有意义。

但是,胡雪岩仍然要给他开具存折,就算存折要交与第三方阜康的"档手"刘庆生保管,存钱的手续也不可以忽略。对此,胡雪岩说了这样一句话:"做生意要讲究信义,客户将钱存入我们的钱庄,我们必须开出存折,这是阜康的规矩。"

胡雪岩曾说过这样一句话:"为人不可贪,为商不可奸,经商重信义,无德不从商。"尽管他是一位商人,但能说出这样一番铿锵有力的话,不能不让人深思。从他的身上,人们明白了什么叫做为人处世、什么叫做信义,而这些正是我们立世、处世、赢世的根本。

任何人都有自己的梦想,都想出人头地,成就一番轰轰烈烈的伟业,可是,有的人在追求梦想的时候,为了眼前的利益、名望,将信义看得很淡,甚者背信弃义。试想,这样的人又如何能在人生与事业中收获胜利呢?日本商人藤田田正是因为讲信义而使得他的事业蒸蒸日上。

20世纪80年代,日本有一个商人藤田田接到了美国油料公司订制的300万个餐具刀叉的合同,合同里明确写有9月1日在芝加哥交货。

为了履行合同,藤田田立即委托了岐阜县关市的一家工厂进行制造,并要求在8月1日完成制造并由横滨发货。

然而,事情的发展并非一帆风顺,这家工厂因为被一些事耽误了,直到8月27日才将货物准备好。可是,如此一来,要赶到9月1日交货,除非是空运,否则绝不可能完成。不过,芝加哥到东京之间的空运费用大约要 3 万美元，如果用这笔钱来运 300 万个刀叉，似乎非常不划算。

藤田田心想："这批货的订单方是由犹太人管理的'美国油料公司'，如果不能如期交货，那么以他们的作风，以后肯定不会再信任我们。"于是，藤田田不再犹豫，而是花了 3 万美元租下波音 707 的飞机，于 8 月 31 日装好货，于 9 月 1 日将货物运达洛杉矶。对方见货物是空运过来的，在详细了解后，对藤田田的行为大加赞赏，次年再次向他订货，并且比前次多出一倍货量。然而，由于工厂那边又延误了出货日期，于是藤田田只得再次将货物空运过去。

尽管这两次租机使藤田田亏损甚大，却换来了美国那边的商家对他的高度信任。这两次为了如期交货，不怕亏损租用飞机的事情传开以后，藤田田获得了人们的赞誉，并被颁发"银座犹太人"的殊荣，这个荣誉的含义是日本唯一遵守契约的商人。

在我国，有这样的一句话："言而无信，不知其可。"其意大概为：一个人如果没有信用，那么就不知道他还能做成什么。是的，无论是谁，如果不守诚信、不讲信义，那么就不能在人群中生存，更不可能做成任何事。

在这个世界上，大凡有所成就的人，守信义都是其获得成功的最根本因素之一。我们常说诚信是金，在成功者的眼里，诚信就是最大的财富源泉，因此，无论你在工作还是在生活中，都不能透支自己的信义，否则最终品尝后果的只会是自己。

不为"刀尖上的蜜"而失信

> 我们在面对诱惑的时候，唯有做到不为心动、以信待之，才能保住自己的尊严、自己的前程。

有人会问这样一句话，一个人在什么情况下最能体现出厚道?问题很简单，一个人最能体现厚道的地方一定是在丰厚的利益面前。

古语有云:"君子爱财，取之有道。"对于钱财，是你的就是你的，若不是你的，如果强行取之，必然会给日后埋下祸根。诚然，在现实社会里，金钱很重要，可是也有比金钱还重要的，那就是"信"。如果一个人为了蝇头小利而失信于人，那么这个人还会有未来、还会有一番作为吗?

前几年，在黑龙江省发生了这样一件真实的感人事迹。

2007 年 10 月 10 日，对于全国的彩民来说是一个令人难忘的夜晚。

双色球开奖后，头奖出现井喷，单期开出 23 注一等奖，其中黑龙江省一位彩民独中了 15 注，再加上别的奖项，这个幸运儿一共可以得到奖金 6500 多万元，创下了内地彩票奖金的最高纪录。

这个中奖的人是谁呢?记者们开始四处寻找。原来，中奖的人是一名老板，可是在他中奖的背后却还有一个令人啧啧赞叹的故事。

这个老板喜欢买彩票，可是因为有事，于是将购买彩票的钱给了一名员工，让他替自己买些彩票。这个员工按照老板的吩咐，拿着钱买了一定的彩票。买完彩票后，晚上电视台开奖，这个员工看着摇号池不断蹦出的数字，不敢相信自己的眼睛，没错，手里的彩票的确中了大奖，而且还是15注一等奖。

这个员工没有丝毫犹豫，第一时间把中奖的情况报告给了老板，并将彩票如数归还，没有说出任何要报酬的话。

最后，记者了解到，该员工一个月的工资只有800元，和妻子、孩子一同住在哈尔滨，生活相当艰苦。

对于这件事，市民们将"史上最诚信员工"的殊荣给了该员工，其因为诚信，在物质及精神上获得了双丰收。

面对巨额大奖，对于一个生活条件比较艰苦的人来说是何等的天文数字。这些钱预示荣华富贵，也预示着其人生将会迎来重大的转折。面对这个巨大的诱惑，此时正是体现一个人诚信的时候，巨奖就像是一面魔镜，可以照出一个人的善恶美丑。

按照民间的说法，只有财气太旺的人才会中奖。然而，在这位员工身上，我们不仅看到了财气，更看到了"诚信"做人之根本。在这位员工的身上，我们看到了中华民族固有的传统美德得到了充分的继承和发扬。

在现今的市场经济中，浮躁和贪图已摆到了桌面上，为此，我们更需要坚持以诚信为本，在金钱诱惑面前不低首。只有这样，我们才能成就自我、立足于世。

南宋时期，有一个名叫黄裳的秀才，他不但学问深厚，而且做人十分诚实。

有一天，他的父亲让他去城中办一些事。晚上，黄裳住在了一家小客店里。因为走了一天的路，黄裳浑身疲惫不堪，准备洗漱一下就睡觉。

正当黄裳往床上躺时，忽然腰部被一个硬硬的物品给硌了一下，黄裳用手一摸，原来席子下面有东西，于是赶紧翻身下床，将席子揭开，发现原来是一个布袋子。

黄裳拿着布袋子心想，这个布袋子肯定是之前住店的客人遗忘在这里的，于是就想看看里面装的是什么。他解开布袋口的绳子后，随意将布袋子往床上一扔，只听"噼啪"一阵乱响，黄裳瞬间惊呆了，原来布袋里装着的是一堆珍珠，大概有上百颗。

黄裳赶快将床上的珍珠捡起来放入布袋，他担心还有一些遗落在地上，于是在房间里细细地搜寻了一番。直到确定地上没有遗落的珍珠，才将布袋口重新扎好放在枕头边。

黄裳重新上床，可是怎么也睡不着。他想，我快 20 岁了，从没有见过如此多的珍珠，要是将这些珍珠卖钱，得要卖多少呀！可是，我究竟该如何处置这些珍珠呢？

黄裳的内心在作斗争，临睡前，他决定要将这些珍珠还给它的主人。次日醒来，黄裳收拾好东西准备去办事，临走的时候，他告诉店主："假如有人来找珍珠，那么就让他到城里来找我。"说完后，他把自己在城里办事的地址写在一张纸上。

进城后没几天，就有人过来找他，说自己正是丢失珍珠的人，黄裳回答说："没错，我的确在店里捡了珍珠，但是你说珍珠是你的，可有证据吗？这样吧，我们去一个地方对证一下，以防珍珠被他人冒领。"

于是，黄裳和这个人一同来到了官府。丢失珍珠的人说出了珍珠的品质和数量，官员打开布袋后亲自数了一遍珍珠，接着又找来珠宝店的老板当场验证，果然一切都与这个人说的吻合，于是当堂将装有珍珠的袋子还给了失主。

失主很是感激，当场就要送他几颗珍珠，黄裳笑了笑说："谢谢你的好意，如果我想要珍珠的话，那么我们肯定不会在这里；既然将珍珠还给了你，那么我一颗也不会收的！"

这件事被传扬出去后，人们纷纷夸黄裳是一个诚信的人，都愿意与他打交道。

拾金不昧是一种美德，亦是厚道之人必然做出的行为。面对诱惑的时候，还有比财富更贵重的东西，那就是诚信。假如一个人丧失了诚信，那么他决不会有拾金不昧之举，更不会得到他人及社会的肯定。

我们常说诚信是做人的根本，在为人处世时，我们唯有做到守信，才能拒绝利益的诱惑，才能得到他人的真心对待，也才能获得事业上的成功。

畅通于"职场"的最大秘密是信用

厚道经

在日常生活与工作中，我们要为自己所做的一切负责，切不能因为一时的失信而让自己深陷违背信用的泥淖。

信用是厚道之人的名片，对于他们而言，任何一次失去他人的信任对于自己而言就是彻底的失败。

在职场中，谋求一份好的工作、好的前途的秘诀是什么呢？是弄虚作假、不择手段？还是脚踏实地、本本分分做一个守信之人？综观职场中的成功人士，他们无不以信用为基本的做人原则。然而，生活中不乏有一些总想占取便宜的小人，他们为了获得一时之利，总是靠一时的作假和小聪明来换取一时间的信任。而对于这样不厚道、不讲信用的人，其一时所获得的利益只会成为日后的一颗炸弹,随时都可能引爆。

小王是一家教育培训机构的老师,已工作两年了,因为厌烦公司的种种制度,于是想换一家单位。因为他有研究生的学历,并且也有工作经验,于是很快就被某教委直属教学研究部门招聘,前期月薪为 3000 元,两个月后上班,小王高兴地签下了聘约。

在两个月的时间里,小王来到北京游玩,同时顺便到几所大学询问招聘教师的情况。非常凑巧,北京正有一所大学需要小王这种专业的研究生,月薪可达 4000 元,并且提供住宿等。面对这个诱惑,在进行一番权衡比较后,小王动了毁约的心思。第二天,小王给那家教学研究部门打去电话,说自己不想干了,并愿意交纳违约金,那家教学研究部门回复说没什么意见。

然而,正当小王高兴地到北京这所大学签约时,人事处长看完他的求职信后,当即将其个人资料输进了人事管理档案。处长通过联网查看小王档案后,立刻对小王说学校不能录用他了。小王急了,就问原因,原那家教学研究部门将小王的签约情况输进了档案。处长说,你在那边签了两天就毁约,我们学校不会录用随意毁约的人。

这个时候,小王才感到了后悔,然而这又能怪谁呢?只能怨自己太重待遇,随便毁约,忽视了信用,以致得到了这样的苦果。

在竞争激烈的今天,很多求职者都会先随便签一份工作协议,以求"保底",然后再不停地挑选最佳的职位。对于这种情况,虽然很多用人单位表示理解,但是多数用人单位却认为这是不讲诚信的行为。

尽管很多求职者可以通过毁约得到一份还算不错的工作,但是对于自己今后的职业生涯而言无疑是不明智的选择。

对于职场做人做事的信用,我们再来看一看从事房地产生意的艾伦。艾伦的公司一直是房地产行业内的佼佼者,而其成功的秘诀就在于两个字——信用。

以前，艾伦的工作是房地产销售人员。有一天，艾伦带买主去看一所房子，这所房子的主人曾经私下里告诉艾伦，这栋房子别的地方都还不错，就是排污管道有些老旧，需要重新翻修。

想买房的是一对结婚不久的年轻夫妇，他们没有多少钱，所以想买不用翻修的房子。艾伦带他们看完房子以后，他们觉得很满意，就打算当即购买，并即刻搬进去住。然而，就在这个时候，艾伦告诉了他们实话，说房子的排污管道有些问题，需要翻修，大概要花费 1 万美元左右。

艾伦说出实话，并非不知道后果，可是他不想欺骗客户。最终，知道真相后的年轻夫妇提出毁约。几天后，艾伦从同行者那里得知这对夫妇又从别的房地产交易公司购买了有差不多问题的房子。

当老板得知艾伦把这笔就要成交的生意搞砸后，立刻将他喊到办公室斥责。因为艾伦是一个非常厚道的小伙子，从来不会撒谎，所以就如实交代了。老板听到实情后，气得暴跳如雷，大声责骂他没事找事，最后解雇了他。艾伦虽然被解雇了，但是心里非常坦然，因为他恪守了自己的价值观，没有做违背良心的事。

其实，艾伦一直都是一个诚实的人，小的时候，他的父亲总是对他说："你与别人握手，就等于签订了一个合同。你说过的话一定要算数，假如你想在生意上有所建树，就一定要与他人公平交易。"因此，艾伦从小到大总是将人品放在第一位，一直相信诚实做人比赚取钱财重要得多。虽然他也想将那所房子卖掉，可是他不能为此而丧失自己的人格价值。就算被辞退，他仍然相信自己的做人准则——任何时候都讲真话。

之后，经过几年的拼搏，艾伦终于在别的城市开了一家小型地产交易所。在圈内，艾伦凭借公道与诚实打牢了生意的根基，尽管他也曾因讲"实话"过多而丢失不少的合同，但也因此赢取了人们的信任。后来，人们得知艾伦以诚信做生意,于是纷纷慕名而来,艾伦的公司日渐兴旺。

讲诚信在为人处世时非常重要。试想,如果你给他人留下一个爱说谎、虚伪狡诈的印象,那么他人又怎么可能相信你并和你交往呢?案例中的艾伦就是因为诚实,最终赢得了人们的赞许,使他人纷纷成为他的顾客,使得他的公司遥遥领先于同行。

诚实守信的人首先会给他人一种光明磊落、有责任心以及稳重的印象,同样,一个讲诚信的公司也会给人良好的口碑以及信誉,不断给自己带来各种优秀的人才和业务。相信,只要你手握信用这张名片,以诚待人,那么就可以给自己赢得一片美好的未来。

宁肯吃亏也要维护信誉

厚道经

做生意,利益固然可贵,但比利益更可贵的是信誉。厚道人宁肯吃亏也会维护信誉,他们相信暂时的吃亏能够为自己赢得更长远的未来。

人们常说"吃亏是福",其实这句话也可以这样理解:为了信誉吃点儿小亏就是为以后埋下收获成功与幸福的种子。

在生活和工作中,我们总会遇到不顺利的事情,而当要面临选择的时候,如果能够舍弃一些小的利益,维护信誉,那么吃这样的小亏就会很值,因为它可以为我们的将来带来更多的回报。

在如今的社会,信誉能够影响各行各业,虽然它无影无踪,但是却如一股无形的力量贯穿着我们生活的方方面面。个人或企业的最大财富就是信誉,它是受外界评判的重要标准,亦是获取成功的重要根本。

杨正权自从"下海"经商后,一直坚守着"诚信"二字。他做生意从来不掺假,自从富起来后就积极地回报社会,这么多年,他所捐赠的物资钱财总值达 600 多万元。

在威海市,认识杨正权的人在喊他的时候都会在名字前加上"好人"两个字。杨正权有几句流传甚广的"名言",其中有这样一句:做生意的人不但要买卖公平,不偷奸耍滑,还要做到讲诚信,着眼百姓利益、业内信誉,追寻大诚信。

2008 年深秋,随着全球金融危机爆发,很多原定的海产品价格大幅下跌,然而杨正权宁愿随市价出售,也不愿将事先签好在合同上的价格压缩。他仅在和烟台的供货商在一次海参交易时就损失了 6 万元多元,他的此举获得了同行的一致认可。

杨正权因为讲究信誉,使得他的事业越做越大,财富增多不用说,还落了个好名声。

由此可见,如果一个人诚实守信、不违背原则,那么自然可以得到他人的帮助,得到大家的尊重和热爱。但是,如果因为贪图一时的便宜而失信于人,那么尽管看起来得到了一些东西,但实际上是在毁自己的声誉。因此,失信于他人无异于斩断自己的后路、断送自己的未来。

诚然,维护信誉并非易事,很多时候,我们为了实现承诺,都要付出一定的代价。然而,正因为良好的信誉得来不易,因此人们才会更加看重它、更加珍惜它。所以,有时肯付出、敢吃亏也是一种最有价值的投资之一。

阎士杰从河北工艺美术学校毕业后,又决定去天津美院自费进修油画。然而,进修需要一定的费用,这对于当时的阎士杰来说要花费一笔巨款。

为了挣得自修的学费,阎士杰想在除夕的时候去灯会上卖灯笼赚钱。可是,就在这一年,除夕灯会竟然取消了。第一次想挣钱就惨遭失败,这对于阎士杰来讲是一个很大的打击。但是,他并没有因此而绝望,尽管进修的美梦破灭了,可是钱仍然还是要挣,于是他想到了装修这个行业。

1987 年,阎士杰办了一家装饰装修公司,所花的费用只有 1000 元。因为他是美院毕业的,所以有着很深厚的艺术熏陶,比一般人具有更加敏锐的眼光。为了吸引客户,他将自己的美术学识运用到了装修中,从而赢得了很多客户的青睐。

随着他的公司的知名度不断传播,当地的市长也慕名而来,市长想让阎士杰的公司装修一个机场的候机室。可是,所给的时间只有一个月。市长告诉阎士杰:"假如你不行,那么我会立即找别的装修公司,因为一个月后机场必须启用。"

这单生意对于阎士杰的小公司来讲不仅是一单大生意,更是一次十分难得的机遇,而对于阎士杰个人来讲似乎还有些天上掉金子的味道。然而,金子并不是那么好捡的,阎士杰在应诺之后就有些后悔了,因为要装修的候机室竟然是几十年前的老机库,并且机场位于荒野,人烟稀少,不时还能见到一些大型野生动物。

没有办法,施工的工人们只得住进当地牧民们的羊圈里。这个时候,阎士杰在心里打起了退堂鼓,然而对于一家公司来讲,信誉就是生命,就是生存的根本。阎士杰暗下决心要完成任务,于是便带着一帮施工人员硬着头皮开工了。为了完成既定的任务,他们没日没夜地干活,整整一个月的时间,从未有过丝毫的马虎与懈怠。终于,机场如期完工了,可是阎士杰和手下的装修工人已经累得疲惫不堪。

有人问阎士杰,你们这样做值得吗?阎士杰说,信誉是个人及团队最核心的根本,只有拥有信誉,个人和公司才能得到发展。

尽管阎士杰因为不了解项目的具体情况而吃尽了苦头，但是他最终用自己的付出赢取了良好的信誉，获得了长足的发展。

　　每个人都是社会这个大家庭里的一份子，都不能够单打独斗，需要互帮互忙、携手共进，因此，在通向成功的道路上，只要你懂得宁愿吃亏也要守住信誉的道理，那么失去的那一点儿利益都会是小事，因为未来还有更大的成功正在等着你。

第 **7** 章

给别人送欢喜，就是给自己带欢喜

我们对待别人应付出自己的爱和尊重，哪怕只是一个包含真情的眼神，哪怕只是一个细微的动作，也会让对方因为"我"这个人的存在而变得更幸福、更快乐。其实，付出并不单单是向外献出我们的利益，与此同时，我们也收获了由付出所带来的回报，只不过形式有所不同罢了。

给予比索取快乐

在很多人的价值观念中，认为人活着就是不断索取的过程；有的人则恰恰相反，觉得人活着是一个不断付出、不管给予的过程。

那么，到底哪种想法更能够让人满足和快乐呢？在此，我们用一个佛教中的故事来阐释一下。

阎王对两个将要投胎转世的人说："投胎转世之后，你们希望自己过索取的人生，还是给予的人生呢？"

第一个人说："我当然希望过索取的人生。"

第二个人说："我就选择过给予的人生吧。"

于是，阎王对他们俩的去向作出了决定，让那个希望索取的去当乞丐，每天接受人的施舍，让那个肯去给予的人做了大富翁。

第一个人的结果可想而知，第二个人有了经济实力，便仗义疏财、修庙铺路，不断地给予着。

这个故事虽然不长，但其意味却很深长，值得我们深思。

有句话说得好，心态决定命运。可以说，索取和给予这两种截然相反的心态反映出了一个人的价值选择和思想定位。我们大概都听过这样一个故事，说的是一个富翁落水之后，一个人想救助他，便大声喊道："把你的手给我！"他却迟迟没有伸出，围观的人中有人说，你要说"抓住我的手"才行，果然，这回富翁急忙伸出了手。

上面的故事虽是一则笑话，却折射出在现实生活中，不少人有着和这位富翁一样的心态，那就是从来不知道给予，而只知道索取。

给予，简单地理解是尽可能地给予他人帮助，但这种帮助必须是以善意和真诚为前提的，不需要对方回报，否则就失去了给予本来的意义。

一个小伙子和母亲相依为命地生活，以砍柴为生。有一次，他在上山砍柴时遇到一条生病的大蟒蛇，于是将蟒蛇带回家中进行施救。经过他们的细心照料，蟒蛇逐渐康复。蟒蛇临走之前嘱咐母子一旦遇到什么困难可找它帮忙。

说来也巧，就在蟒蛇走后不久，小伙子的母亲便生病卧床，想吃蟒肉，小伙子只好上山去求助蟒蛇。

蟒蛇答应了，从自己身上削掉一块肉给了他。很快，小伙子母亲的身体便康复了，可她又一次提出想吃蟒蛇的眼睛，小伙子又去求蟒蛇，蟒蛇又答应了。

没过多久，这位母亲又想吃蟒蛇的心，小伙子又去山上向蟒蛇求助，可这一次他再也没有回来，而他的母亲很快便在懊悔中死去。

显然，故事中的母子虽然一开始表露了自己的善意，但之后却不停地索取，显得不尽如人意，而他们自己最终也没有获得好的结果。

可见，索取这种自私、贪婪的做法可能只会让人们得到一时的利益和快乐，而长久看来则是巨大的损失。

想要收获"友好"，先要付出"善良"

厚道经

我们对待别人应付出自己的爱和尊重，哪怕只是一个包含真情的眼神，哪怕只是一个细微的动作，也会让他们因为"我"这个人的存在而变得更幸福、更快乐。

很多人都不知道，帮助别人也有助于自己的成功。你可以在帮助他人的同时实现自己的目标。如果你是主管、经理或老板，你在帮助下属获得成功的同时，你自己也会变得更加成功；如果你是教师，学生的成功就是你的成功，因为你教会了学生如何实现自我需求的本事。当你学着帮助别人的时候，你与别人的关系也能得到巩固和发展。

因此，你要想被人重视，就要先尊重别人；不想被他人指责，就要以和蔼宽厚的态度对待他人；不想听谎言，就先要对人诚实地讲话；不想失去朋友，就别去伤害朋友……总之，只有你把笑脸带给别人，别人才能让喜乐陪伴你的生活。

然而，我们却常常愤愤不平他人为什么这样对自己。看完下面这个故事，你也许会平静些。

一只蜜蜂正在和一只黄蜂聊天，黄蜂气恼地说："奇怪，我们两个有很多共同点，同样是一对翅膀、一个圆圆的肚子，为什么别人提到你的时候经常感到开心，提到我却说我是害虫呢？"

黄蜂接着又愤愤地说："我真不明白，真要比起来，我有一件天生的漂亮黄色大衣，而你却成天脏兮兮地忙里忙外，我到底哪一点不如你呢？"

蜜蜂说："黄蜂先生，你说得都对，但我想，人们之所以喜欢我，是因为我给他们蜜吃，请问你为人们做了什么呢？"

黄蜂气急地回答："我为什么要帮人们做事？应该是人们要来捧我吧！"

蜜蜂接着说："你希望别人怎样待你，你就得先怎样待人。"

在我们的现实生活中，不少人常有类似于黄蜂那样的气恼情绪，但这类人除了气恼之外，从不分析出现这种情况的原因所在；而聪明又善良的蜜蜂却深深地知道想要得到别人的关心和喜爱，就要先向别人付出友爱与帮助。

曾有一家著名咨询公司就电话对话做过一项调查，想知道在现实生活中，哪个字的使用率最高，在 500 个电话对话中，"我"这个字使用了大约 3950 次。这就说明，不管你是什么人，不管你的实际状况如何，在内心中都是非常重视自己的。

美国学识最渊博的哲学家约翰·杜威说："人类本质里最深远的驱策力就是希望具有重要性。"每一个人来到世界上都有被重视、被关怀、被肯定的渴望，当你满足了他的要求后，他就会对你重视的那个方面焕发出巨大的热情，并成为你的好朋友。

作为社会的一分子，人与人之间的关系就如同脑袋和肩膀、手和胳膊、脚和脚踝的关系一样，每一个人都是另一个人的延伸。身体的某个部位受到感染，整个身体都会受到影响，因此，你应该学会善待他人，要相信每一个在你身边的人都是上帝的恩赐。

在一个风雨交加的夜晚，一对年迈的夫妇来到一家旅馆准备过夜，他们看上去非常疲惫，急需一个住的地方。

其中，年老的男子对旅店的伙计说："小伙子，很对不起，我们跑遍了其他的旅店，里面全客满了，我们想在您这里借住一晚，请问可以吗？"

年轻的伙计解释说："先生，很抱歉，我们这里的房间也已经客满了，这两天,由于一个重大的会议要在这个地方召开,所以附近的旅店家家客满。"

听了小伙子的话,老夫妇的脸上露出了说不出的失望。

这位年轻的小伙子看着他们为难的样子,便轻声说:"不过,天气这么糟糕,这么晚了,你们是找不到住宿的地方的,要是你们不介意的话,就到我的房间里将就一晚吧。"

顿时,这对老夫妇转悲为喜,脸上洋溢着说不出的兴奋和感激。

"那你怎么办呢?"那对夫妇想了想又问。

"今天我值夜班,所以我的房间是空着的,你们尽管放心地睡吧。"

第二天早上,老人要付房钱,小伙子坚持不要,说:"我自己的房间本来不是用来盈利的,我怎么能要你们的钱呢?"

"年轻人,你可以成为美国第一流旅馆的经理。过些日子兴许我要给你盖一个大旅馆。"小伙子听了只当是一个玩笑,礼貌地说了声谢谢。

两年过去了,一天,小伙子收到了一封信,信里附着一张到纽约的往返机票,邀请他回访两年前在那个雨夜借宿的两位客人。

小伙子来到了车水马龙的纽约,老人把他带到第5大街和第34街的交汇处,指着一幢高楼说:"小伙子,这就是我们为你盖的旅馆,你愿意做这个旅馆的经理吗?"

这位当年的小伙子就是如今大家都熟识的纽约首屈一指的奥斯多利亚大饭店的经理乔治·波尔特,那位老人则是威廉·奥斯多先生。

故事中的小伙子有一颗善良的心,在别人遇到困难的时候给予了不计得失的帮助。或许这个帮助很微小,但在生活中,如果你给予他人点滴的善待与帮助,总是会得到应有尊重和内心的快乐。

不可否认,包括我们自己在内的几乎所有生活在繁忙都市中的人,都是没日没夜地为所谓的"前途"奋斗。我们试图把所有现实的事情做得完美,以期实现理想中的结果。然而,现实毕竟是现实,往往和我们的想象有或大或小的差距。很多时候，付出与收获并不能成正比，两者的差距常常让我们感到生活的残酷与乏味，渐渐地，我们疲倦了，也厌倦了。在这种被厌倦思想所控制的心态下，我们对周围的人或多或少地充满了敌意，我们不能原谅来自旁人一点点的无心的伤害。于是，这个世界就有了仇恨，接着便有了战争，然后更多的人被卷入了伤害和被伤害中。一旦人们的心灵被蒙上污垢，就不能从生活中发现许多美妙的事物，享受生活的乐趣。

泰戈尔说："即使爱只给你带来哀愁，也要信任它，不要把你的心关起来。"是的，就算你善待别人并不一定能得到回报，至少在这个过程中，你是快乐的。这，就足够了。

善待他人是一种爱，这种爱不是一片宁静的土壤，而是一种征服的力量。如果某人对你不公正或不公平，学会原谅他吧，因为宽恕也是一种善待，而你可将这次经历铭记于心，从中汲取教训。

关照别人就是关照自己

厚道经

在前进的路上，我们总有需要别人为自己遮风挡雨、消除烦恼、给予温馨和慰藉的时候，而我们身边的人同样有这样的需要。在我们关照他人、给别人帮助的时候，其实就相当于关照了自己、帮助了自己。

就人的本性而言，当利益摆在面前的时候，我们常常最先想到的是自己，通常先满足自己的所需和所求，却很少顾及别人。甚至有些时候，当我们发现别人做着一些对他人有好处却对自己"毫无用处"的事情，我们甚至会嘲笑他们，讥笑他们傻。

岂不知，这些我们所认为的"傻人"才是真正的聪明人。因为他们厚道的爱心在给别人带来温暖的同时，也为自己积累了爱心的回馈。换句话说，给别人帮助的时候，其实也等于是关照了自己、帮助了自己。

古时候，有个商人在一天夜里走在漆黑的路上。由于没带照明工具，他只能小心翼翼地走着，同时他心里很后悔没带照明工具。

这时候，前面忽然出现了一点儿灯光，一点点地向他靠近。由于灯光的照射，附近的路清晰起来，商人走起路来也顺畅了一些。等他走近灯光的时候，才发现居然是一个盲人在提着灯笼走路。

商人不解地问盲人："你已经双目失明，灯光对你起不到任何作用，你为什么还要打灯笼呢？这样做岂不废油吗？"

听了商人的问话，盲人认真地回答道："我是看不到路，可是在这么漆黑的夜里，行路的人也都看不到路，说不定他们会撞到我。而我提着灯笼走路，就可以让别人看见我，这样，我不就不容易被撞到了吗？"

这个故事很值得我们沉思：为别人带来方便的同时，也因此而保护了自己。正如印度谚语所说："帮助你的兄弟划船过河吧！瞧！你自己不也过河了？"其实，人与人之间就是在这种帮助他人中而获得帮助的。

至此，我们可以说："给予别人帮助就是给予自己帮助，给予他人'善心'是从不让自己受到损失的最好的投资！"这一真理会带领我们穿越黑暗，让我们找到最明亮的路。

2008年8月10日，北京五棵松体育馆。长夜未央，夤夜难眠。

中国的龙之队与美国的梦八队为全场的观众献上了一场精彩的视觉盛宴。

这是一场不问结果的激烈对抗，是展示精彩球技的巨人之舞。如果有人带着只在乎结果的心情来看比赛，那么，大可不必熬红双眼，只需第二天翻看一下最新的资讯即可。真正的欣赏在于过程，在于享受投掷、抢断、扣篮、盖帽的精彩瞬间。

美国队赢得精彩，同样，中国队输得也让观众佩服。

场上，球员高尚的职业操守让人钦佩：跌倒，拉起，拍肩，致意。

场下，观众摇旗呐喊，为中国队加油，同样也为对手喝彩，此起彼伏的助威声更让世界久久感动。

其实，在我们生活的周围，存在着无以计数的用金钱和智慧都换不来的东西，比如一点点的温暖、一丝丝的真诚和善良。很多时候，这些看似微不足道的付出却比那些有形的东西更能散发出璀璨的光芒，让人心生暖意、愉悦无比。而这，不正是关照他人就是给自己关照的最佳写照吗？

把付出看成另一种获得

厚道经

> 付出是一种人生的修养，真诚坦率是令人愉悦的一种品质。助人者，人助之。那些乐于付出者必然会以自己的宽广胸怀和古道热肠赢得他人的尊重与信任，从而收获人生中最宝贵的一笔财富。

或许有人会惊异：付出怎么会是获得呢？付出是给予，而获得是接受，把付出看作获得岂不是矛盾吗？

其实不然。从某种意义上讲，付出本身就是另一种形式的获得。想想看,当我们为朋友渡过难关而伸出援助之手,我们会收获朋友的感激;当我们帮助一个带孩子的母亲过马路,我们会收获对方的敬意和感谢;当我们为灾区的孩子尽己所能地捐献物资,我们就会收获别人的感动和自己良心的慰藉……

凡此种种无不表明,付出并不单单是向外流出我们的利益,与此同时,我们也收获了由付出所带来的回报,只不过形式有所不同罢了,所以说,付出也是另一种方式的收获。

一位男子坐在一大堆金子旁,伸出双手向路人乞讨,索要钱财。

这时候,佛陀向他走来,男子同样伸出双手乞讨。

佛陀问他:“你都拥有一堆金子了,为什么还乞讨呢?难道你还有什么乞求吗?”

只见这位男子叹了口气,说:“唉!虽然我拥有如此多的金子,但是我仍然不满足,我乞求更多的金子,我还乞求爱情、荣誉、成功。”

于是,佛陀从口袋里掏出他需要的爱情、荣誉和成功,送给了他。

一段时间过后,佛陀又从这里经过,又看到那位男子坐在一堆金子上向路人乞讨。

佛陀又问他:“你所求的都已经有了,难道你还有什么不满足的吗?”

“唉!虽然我得到了那么多东西,但是我还是不满足,我还需要快乐和刺激。”男子说。

听完,佛陀又把快乐和刺激也给了他。

一晃又是一段时间过去了,佛陀从这里路过,只见那个男人仍然坐在一堆金子上向路人伸着双手。

佛陀又问了同样的话,男子说:“我还是不能感到满足,老人家,请你把满足赐给我吧!”

佛陀笑了笑,说道:“你需要满足吗?那么,请你从现在开始学着付出吧。”

一段时间过后，佛陀又从此经过，只见这个男人站在路边，他身边的金子已经所剩不多了，原来，他正把它们施舍给路人。

男子把金子给了衣食无着落的穷人，把爱情给了需要爱的人，把荣誉和成功给了惨败的商人，把快乐给了忧愁的人，把刺激送给了麻木不仁的人，现在，他几乎一无所有了。

佛陀问他："你现在满足了吗？"

男子微笑着说道："我满足了！原来，满足就藏在付出的怀抱里啊。当初我只想得到更多，以为只有那样我才满足，可是始终没能如愿，反而越来越不满足。而当我付出时，我为我自己人格的完美而自豪、而满足，为人们投来的感激的目光而自豪、而满足。谢谢您，佛陀，是您让我知道了什么叫真正的满足、什么才是真正的获得。"

看着人们接过他施舍的东西之后满含感激而去，男子笑了。

这则寓言告诫我们，一味地获取并不能让人满足和快乐，而只有付出才能真正获得满足、找到快乐。从这个角度讲，用有形有数的付出能换来无形无边的快乐和满足。

然而，看看我们身处的现实世界，总有这样一些人总是想得到一些东西，可他们总是得不到，因为他们从来都不想先付出。他们希望得到成功者的帮助，可是他们却不想先为成功者做一些事情，他们总是非常自私地想得到，而舍不得先"吃亏"，而这种心态往往注定了他们的失败。

也许你会说，在如今这个物欲横流的时代，提出这样的说法是不是太值得怀疑了？当今社会只讲效益，只讲金钱，又有几个人会赞同"付出也是一种获得"呢？不错，每个人都需要金钱，同样，每个人也都希望得到享受。但是获得分物质层面和精神层面，金钱与享受的获得只能是物质层面的获得。

事实上，获得的渠道有很多，在与人竞争时，得到胜利是一种获得；能满足自己某时的一种欲望时也是一种获得；有时做了一件开心的事，心情舒畅是一种获得；有时做了一件好事，得到赞许或感谢也是一种获得……可见，获得有时候既是物质的满足，也是精神的满足。

假如你想让自己拥有这些收获，那么就打开自己的心灵之门吧，让自己的爱心播撒到需要帮助的人的身上，把付出当做一种享受，从付出中换取另一种获得。

平时多助人，急时有人帮

在生命的旅途中，每个人都会遇到沟沟坎坎，倘若平时你多帮助别人，那么在你面对困境的时候，说不定会有一双援手向你伸来，拉你走出生活的泥淖。

我国民间有句俗语："平时不烧香，临时抱佛脚。"说的是那些临事用人的人平时装作没事人，到需要他人帮助的时候就套近乎。其实，这样的人难以得到别人的帮助，通常不得不自己面对当下的困境，因为他们没有将眼光放长远，不懂得"平时多助人，急时有人帮"的道理。

他们不知道，在生命的旅途中，每个人都会遇到沟沟坎坎。倘若平时你多帮助别人，那么在你面对困境的时候，说不定会有一双援手向你伸来，拉你走出生活的泥淖。

很久很久以前，有一只迷路的鹦鹉和家人走散后，找不到回家的路了,只得暂时栖息在山林中。这个山林中的百鸟和众兽都是和睦相处、不相残害,而且对外来的客人也是十分友爱。

鹦鹉得到了众鸟禽的热烈欢迎,大家希望它能永远留下。受到这样的礼遇,鹦鹉感动地说:"你们快乐相处的情谊使人太感动了!说实在的,我真想留下来,在你们这儿生活,但我自己有家,也有伙伴,我不忍心离开它们,不能不回去。"

于是,鹦鹉做客数日之后,在一个阳光明媚的日子里,一点点地循着家的方向飞走了。

就在鹦鹉走后不久,众鸟禽所在的山林突然起火,火势熊熊、火光冲天。鹦鹉在高空中见到了,想到友善的伙伴们大祸临头,对这惨状万分焦急,于是它不顾一切飞到河边,用双翅蘸满了水,再飞到那个山林上空,把翅膀上的水洒下来。如此快速地来回飞腾,不知飞了多少回,它感到疲劳极了,但它毫不松懈。

鹦鹉的壮举被出巡的天神见到了,对它惊讶道:"鹦鹉,你好愚蠢呀!你翅膀上的一点点水能起什么作用呢?难道你不知杯水车薪,远水救不了近火吗?像你这般疲劳往返,不顾自己的性命,能扑灭得了这山林中的烈火吗?"

只见鹦鹉流着泪道:"我也明知不能,但这山林中的同伴太好了!我曾寄居过它们家里,它们待我亲如一家人。现在它们遭遇了大难,我能忍心视死不救吗?我只有尽我的一分心与一分力,来救它们啊!"

听了鹦鹉的话,天神十分感动,随即使出神术降下大雨,帮助鹦鹉灭火。片刻,终于把大火扑灭了,使得山林中的生灵得救了。

这个故事显然是在告诉人们,当别人身陷困境时若能对其伸出援手,那么当自己遇到困难时,对方也会"知恩图报"。

物理学中说:"力的作用是相互的。"其实,人与人之间的作用其实也是相互的,你帮助了别人,别人自然也会帮助你。你帮助别人,其实也是在帮助你自己。孙悟空帮唐僧取西经,而最终被封为斗战胜佛;鲁迅帮麻木的中国人觉醒,而最终受万人敬仰;诸葛亮帮刘备打天下,而最终名垂千古……诸如此类的例子不胜枚举,这些无不表明了"晴天留人情,雨天好借伞"的道理。

付梓雄在一家民营企业担任董事长,同时,他也是个交际手腕高人一筹的董事长。

从几年前开始,付梓雄承包了几家大型电器公司的工程。他没有像其他企业老板那样"丝毫必争",而是不断对这些公司的重要人物常施以小恩小惠。不仅如此,付梓雄对这些公司的重要人物和年轻的职员们也常常殷勤款待。

明眼人都知道,付梓雄此举绝非无的放矢,事前,他总是想方设法将电器公司内各员工的学历、人际关系、工作能力和业绩作一次全面的调查和了解,当他认为某人大有可为,以后会成为该公司的要员时,不管对方多么年轻,他都尽心款待,他这样做的目的,是为自己日后获得更多的利益做准备。他明白,10个欠他人情债的人当中有9个会给他带来意想不到的收益。自己现在虽然损失了一部分利益,但日后必会加倍收回。

所以,当看到自己早就"相中"的某位年轻职员晋升为科长时,付梓雄便立即跑去庆祝、赠送礼物。年轻的科长自然倍加感动,无形之中便产生了感恩图报的意识,而付梓雄却说:"我们公司有今日,完全是靠贵公司的抬举,因此,我向你这位优秀的职员表示谢意是应该的。"

如此一来,当某天这些人升任公司的处长、经理等要职时,自然不会忘了付梓雄曾经的恩惠。因此,在行业竞争非常激烈的时期,不少承包商都倒闭了,而付梓雄的公司却仍旧生意红火,其中的原因当然和他平时对于关系的投资密不可分。

不能不说,故事中的付梓雄的确是个善于放长线、钓大鱼的人,充分体现了其丰富的处世经验及做人技巧。

其实,这也正揭示出,在人际交往的过程中,你一定要有长远目标,该进行"投资"的时候不要吝惜,这样,平时积累的"香火"多了,等自己需要帮助时,才会有更多的人来帮忙。

嘴下留情,给人面子就是给自己后路

厚道经

面子是一个奇妙的东西,只要你有心,处处留意给人面子,你就会发现最终获得更大面子的那个人就是你自己。

常言道:"人要脸,树要皮。"不难理解,人人都讲究面子。试想,如果他人不给自己面子,你是不是会心里别扭,对对方耿耿于怀?

为了防止他人对我们产生这样的心理效应,我们就要先从自己做起,不说过头的话,得理让三分,给对方留些情面。

与人交往的过程中,如果你能够约束自己的言行,该说的话畅所欲言,不该说的话就烂在肚子里,不但可以解决许多不必要的麻烦,而且还可以"化干戈为玉帛",使事情有一个圆满的结局。

尹思妍是一家服装厂的售后服务人员,多年来,她与那些挑剔的客户打交道时常常会发生争执。虽然她总是赢多输少,但公司却不得不一次次为此赔钱。所以,尹思妍改变了说话策略,尽量避免同客户发生争吵,结果大不一样。

周一的早上，尹思妍刚进办公室，电话铃就响了起来，她拿起话筒，销售部的一个同事焦急地在电话里对她说，厂里给一个客户运去的一车布料都不合格，对方已停止卸货，要求尹思妍的公司赶紧把布料运回去。

原来，在布料被卸下 1/3 时，对方的技术员说这批布料的质量太次，不符合他们的质量标准，鉴于这种情况，他们拒绝接收布料，于是尹思妍立刻动身向那家工厂赶去，一路上想着如何应付这种局面。

如果是以前，尹思妍一定会找来判别布料档次的标准规格据理力争，根据自己做了多年服装工作的经验与知识，用尖锐的话语压倒对方，使其相信这些布料达到了标准，是对方的鉴定不对，让其下不来台。

但是这一次，她决定改变一下说话方法，决定用新的方式解决这个难题。尹思妍赶到现场，看见对方的技术员一脸挑衅的神态，已经摆开了准备吵架的姿态，尹思妍陪他一起走到卸下一部分布料的货车旁，询问他是否可以继续卸货，这样她就可以看一下情况到底怎样。尹思妍还让技术员像刚才做的那样把要退的布料堆在一边，把好的堆在另外一边。

尹思妍仔细看了看，发现对方的审察过于严格，质量衡量标准上出了问题。这种布料的原料是亚麻，技术员显然对亚麻了解不多，而尹思妍恰好对亚麻了解得很透彻。不过，尹思妍一点儿也没有表示反对他的审查方式，只是问了技术员几个小问题。提问时，尹思妍也很友善，并告诉他："你完全有权利把那些你认为不合格的布料挑出来。"技术员听后，态度有了转变，开始热情起来。尹思妍又说了一些亚麻的特点，整个过程中，她没有说一句有伤技术员自尊心的话。最终，技术员承认了自己对亚麻布料的审查毫无经验，他不但接收了全部布料，而且夸赞尹思妍专业知识扎实、工作能力强，最终，尹思妍拿着一张支票，心情愉悦地向公司走去。

在尴尬时刻，说圆场话，给人留面子；不揭穿他人的谎言，免得使人下

184

不来台，这些都是口下留情的表现。

有人曾这样比喻说话留余地的好处："这好比在战场上一样，进可攻，退可守，这样就有了牢固的后方，出击对方时，又可及时撤回，仍然处于主动地位。虽说未必就是战无不胜，但也不会出现一败涂地的现象。"因此，说话别太绝情，要留有余地，对人对己都有好处。

一位顾客到一家服装店要求退一条裙子。她已经把裙子带回家并且穿过了，只是她的同事都说她不适合穿这种款式的裙子，她就决定退掉。她对售货员说："我没穿过这条裙子，只是不小心弄掉了商标。我才买了两天，你们要给我退掉。"售货员看出裙子有洗过的痕迹，不给她退，她便开始在店里大吵大闹，售货员只好叫来店长。

店长看了看那条裙子，也发现有洗过的痕迹，但是，如果直接向顾客说明这一点，会让顾客很没面子，很可能会让事情变得更遭，这样，矛盾就会升级，于是店长说："我跟您讲一件事情，前不久，我把一条刚买的运动裤和其他衣服一起放在沙发上，结果我母亲没注意，就把这条新裤子和一大堆脏衣服一起塞进了洗衣机。我想，您也许也经历了这样的事情，因为这条裙子的确看得出已经被洗过。"顾客知道再也无法辩解，而店长又为她准备好了理由：可能是她的某位家庭成员不小心将裙子当成脏衣服洗了，以此保全了她的面子，她红着脸说："可能是我那粗心的老公干的。"说完便收起裙子，匆忙地走了。

在人与人的交往中，如果一个人总是口下不留情，不顾及他人的面子，挑战对方的底线，对方也会防守反击，反过来将他逼上绝路。基于此，在说话时，我们一定要时刻告诉自己口下留情，给别人留面子等于给自己留后路，可以让自己进退自如。

曾连任美国 4 届总统的富兰克林曾说过这样一段话："我在约束我自己言行的时候，在使我日趋合乎情理的时候，我曾经有一张上面只列着言行约束的检查表。当初那张表上只列着 12 项美德，后来，有一位朋友告诉我，我有些骄傲，说我的这种骄傲经常在谈话中表现出来，使人觉得我盛气凌人，于是，我立刻注意到这位友人给我提出的这个难得的忠告，我立刻意识并想到这样会足以影响我的发展前途。随后我在表上特意列出'虚心'一项，以此专门注意。"

　　一位总统都可以做到这样，何况平凡的我们？所以，我们要尽可能地采取一些言行约束法，让自己的言语更富有人情味儿。一个人若想在社会正常的交际中得到认可与肯定，就不能和不懂事的小孩子一样在公众场合率直地批评别人，而要学会用一些委婉、含蓄的方式来间接地表达自己的意思。这样做，既能保住他人颜面，又能以情服人，无形之中就是为自己争得了面子。请相信，只要多留心，懂得时时处处给别人留面子，那么你很快就会发现，最终获得更大面子的不是别人，而是自己。

以德报怨，把香气留在别人脚底

厚 道 经

　　以德报怨虽然让你气愤难平，也付出了一定的代价，但换来的也许就是对方的醒悟、理解和信任，甚至心甘情愿地为我们付出更多也不无可能。

　　我国古代有幅名画叫做"踏马留香"，其意思是说，花草被马蹄践踏，不但不怨恨，反而把香气留给了马蹄。

　　这是我国中华文化一直以来所倡导的一种道德准则——以德报怨。

宋代政治家、诗人王安石也曾作诗写道:"风吹屋檐瓦,瓦坠破我头;我不恨此瓦,此瓦不自由。"意思就是说,瓦片掉落下来砸到我们的头上并非它的本意,我们又何必去怨恨它呢?

或许很多人对此难以理解,明明被别人欺负,不但不怨恨对方,反而还要和善以待,这是何道理?其实这就是我们自古以来所倡导的"以德报怨"的道理。正如《马太福音》中的一条教义所说:当有人打你的右脸时,你应该把左脸也转过来让他打。

在我国古代的战国时代,魏国与楚国是邻国,在两国交界的某个地方盛产瓜,住在那里的两国农民都喜欢种瓜。

魏国一个叫宋就的大夫被排遣到这个地方做县令,上任没多久就遇到了麻烦事。原来,那年的春天天气比较干旱,田地里缺乏足够的水来灌溉,村民们种的瓜长得很慢,长势一直不见好。村民们非常担忧,心想:如此下去,今年的收成肯定会很糟糕。

于是魏国的村民们便自发组织了一些人,每天晚上挑水到地里浇瓜。一连浇了几天后,魏国村民们的瓜苗渐渐有了起色,长势明显比楚国村民们的要好,于是,楚国的一些村民看到魏国人的瓜苗长得比自己的好,便起了忌妒之心,趁着夜色跑到他们地里践踏他们的瓜苗。

魏国的村民发现之后,非常气愤,决定要报复楚国村民,也跑去踩踏他们的瓜苗。宋就听说后,连忙把村民们聚到一起,安抚他们说:"以我之见,大家最好不要去踩他们的瓜苗。"

那么辛苦劳作才培育出来的瓜苗,就这样被无缘无故地毁坏了,村民们哪里咽得下这口气,根本就听不进宋就的劝告,大声嚷嚷道:"凭什么就这样欺负我们?难道还怕他们楚国人不成?"

宋就耐心地继续说道:"不是这个意思,如果你们一定要去报复,那么最后的结果顶多是解了心头之恨,但你们有没有想过以后呢?以后他们肯定不会善罢甘休，会再次来毁坏瓜苗，你们这样互相破坏下去，到最后，双方的瓜都不会有一个好收成。"村民们听后，这才冷静下来，皱起眉头问宋就："那我们该如何是好？"

宋就说："这样吧，你们以后每天晚上去浇地的时候，就顺便帮他们也浇一浇，最后会是什么结果，到时候自然就会知晓。"村民们带着疑惑遵照宋就的吩咐去做了。

几天之后，当楚国的村民们发现魏国的村民们不但没有记恨他们，反而帮他们浇瓜，羞愧得无地自容，自此之后再也没有做出毁坏魏国瓜苗的事情。此事后来被楚国的县令知晓之后，将其上报给了楚王。

楚王原本想伺机攻打魏国，听说此事后，深受触动和不安，随即主动派人给魏国送去很多礼物，对魏国以示友好往来、和睦相处，并对宋就和当地的村民大加赞赏了一番，宋就和当地的百姓也因为促进两国之间的和平而受到了魏王的重赏。

如果魏国的村民们没有听从宋就的建议而执意要以怨抱怨，那么结果恐怕就是不但瓜苗尽毁，两国之间也会爆发可怕的战争，最后民不聊生。

因此，当你受到别人伤害时，若能以德报怨，结果也许会更好，甚至还会收到意想不到的惊喜回报。

以德报怨虽然让你气愤难平，也付出了一定的代价，但换来的也许就是对方的醒悟、理解和信任，甚至心甘情愿地为你付出更多也不无可能。

假如以怨报怨，会是什么结果呢？

其结果也会有两种，一种是让对方惧怕，从此不敢再来伤害你；另一种则是让对方更加怨恨你，会再次想办法打击、报复你。你会发现难以抉择，不管采取何种方式态度都达不到最佳效果。

但需要注意的是，冤冤相报毕竟不是好事，不知何时会了，比较理智的做法，就是尽早把怨恨彻底消除。要实现这一目的，最好的解决之道就是宽恕对方。而宽恕的方式，就是以德报怨。只有以和善、宽容的态度去回应对方的无礼，才能避免事态的进一步恶化，让怨恨在宽容中得到和解。

为对手喝彩，给别人掌声

> 在竞争中，我们不应该消极地排斥对手，而应该积极地面对对手。对手会促使我们时刻怀有无穷的动力，如此我们必然能激发出自己最大的潜力，进而彰显出最优秀的自己。

竞争是现代人身边出现的高频词。一说到竞争，我们就会想到职场上的拼杀、商场上的争夺、荣誉面前的争抢……在诸如此类的局面下，多数人的内心平衡被打破，会对竞争对手产生怨恨、畏惧、逃避等消极心理。

而事实上，这种思维方式是非常狭隘的，因为当事人没有看到竞争所给予自己的不仅仅是危机和斗争，还是一剂强心针、一部推进器、一个加力挡，能够激发自己不断前进，以获取更多更大的成绩和成功。

我们先来看看下面这个故事。

某家动物园为了吸引更多的游客，特意从遥远的美洲引进了一只剑齿豹。

这种剑齿豹的勇敢和凶悍是尽人皆知的，据说它一天能够逮捕 3 只羚羊，而其他的美洲豹纵使拼一天的劲儿也只能逮捕一只羚羊。

面对这样一个"远方贵客"，动物园的管理员们想方设法让它吃好、喝好,每顿饭都特意为它们准备精美的饭食。不仅如此,管理员还特意开辟了一个不小的场地供剑齿豹活动。

可是,剑齿豹并没有因为受到特殊的对待而过得舒心,它整天都闷闷不乐,看上去总是无精打采。

见此状况,动物园的管理员们大惑不解,开始他们以为或许是剑齿豹对新环境不大适应,过一段时间就好了。

可让他们没想到的是,两个月过后,剑齿豹还是老样子,它甚至连饭菜都不吃了,生命处在奄奄一息的危险状态。

眼看着"活宝"变成这样,园长急坏了,他赶忙请来兽医多方诊治,可是却没发现剑齿豹有任何病。

紧接着,兽医提出了一个建议:在剑齿豹生活的领域放几只老虎,或许能让剑齿豹打起精神来。

果然不出所料,人们发现,老虎的到来让剑齿豹时时处于警觉状态,每当运送老虎的车辆出现,剑齿豹就站起来怒目而视,摆出一副严阵以待的阵势。

没过多久,剑齿豹的活力逐渐恢复了,这时候,管理员们也长舒了一口气。

我们都知道,"物竞天择,适者生存"是大自然的规律。换言之,世界没有竞争,就没有发展;个人没有对手,自己就不会强大。可以说,正是竞争的存在,推动了我们的前进;正是对手的存在,促使着我们成功。

这其中的道理不难理解,试想,一个人如果没有对手,再加上上进心不是很强的话,那么他就会甘于平庸、养成惰性,最终庸碌无为;在一个群体中,如果缺乏竞争对手,就会使人丧失活力、丧失生机;在一个行业中,如果缺少对手,那么也容易让人丧失竞争的意志,就会因为安于现状而逐步走向衰亡。

从这个角度来看,我们不应该消极地排斥对手,而应该积极地面对对手，主动参与到竞争中去。此时，对手会促使我们不能退缩、不能松懈，时刻怀有无穷的动力，如此一来，我们必然能激发出自己最大的潜力，进而彰显出最优秀的自己。

我们都知道林肯是美国历史上最有影响力、最完美的统治者，也是一个优秀的成功者。林肯之所以成功，除了他自身卓越的领导能力之外，与他重视、欣赏萨蒙·蔡斯这个有力的竞争者也有很大的关系。

1860 年，当林肯当选为美国总统之后，他决定任命参议员萨蒙·蔡斯为财政部长。

林肯把自己的想法告诉了参议员们，可没想到顿时引起一片哗然，很多人都投出反对的一票。

对此，林肯颇为疑惑地问："萨蒙·蔡斯是一个非常优秀的人，为什么会引起这么多人反对呢？"

参议员们给出了这样的回答："萨蒙·蔡斯是一个狂妄自大的家伙，他狂热地追求最高上司权，一心想入主白宫，而且，他私底下甚至认为自己要比你伟大得多。"

听完参议员们的话，林肯笑着问道："哦，那你们还知道有谁认为自己比我要伟大的？"

这些人听后，不知道林肯为什么要这样问。

林肯解释说："如果你们知道有谁认为他比我伟大，你们要及时告诉我，因为我想把他们全都收入我的内阁。"

最后，林肯还是任命萨蒙·蔡斯为财政部长。事实证明，蔡斯是一个大能人，在财政预算与宏观调控方面很有一套。但是，对权力的崇拜使他对林肯一直都很不满，并时刻准备着把林肯"挤"下台。

林肯的朋友们纷纷劝说林肯最好免去蔡斯的职务，但林肯轻轻地笑了笑，表示自己对蔡斯满怀感激之情，是不可能罢免他的。朋友们对这样的说法难以理解，于是林肯就讲了这样一个故事。

"有一次，我和我的兄弟在肯塔基老家犁玉米地，我牵马，他扶犁。这匹马很懒，但有一段时间它却在地里跑得飞快，连我这双长腿都差点儿跟不上。到了地头，我发现有一只很大的马蝇叮在它身上，我随手就把马蝇打落了。我兄弟问我为什么要打落它，我说我不忍心看着这匹马那样被咬。我兄弟却说：'哎呀，正是这个家伙才使马跑得快啊。'"

然后，林肯意味深长地说："现在有一只叫'总统欲'的马蝇正盯着我，我会时刻提醒自己不能松懈，要不断地向前跑，努力做好自己的工作，否则，我就会被别人所替代。这也正是我能做好工作的主要原因。"

通过案例我们可以感受到，对于一个想干出一番事业的人来说，他们会将竞争当做自己不断努力的动力，从而无所畏惧地参与竞争、积极地迎接对手的挑战。也正是因为此，他们获得了不断的成长和强大，为获取成功打好了坚实的基础。

总而言之，竞争于我们是一剂强心针，就如同加力挡之于汽车、助推器之于机械设备。当我们面对竞争对手，最好的做法就是相信自己，敢于迎接挑战、积极备战。唯有如此，我们才能不断得到进步和成长，我们的生命也才会绽放不一样的光彩。

第 **8** 章

不敢生气是懦夫,不去生气是智者

　　心胸成就事业,气量造就大度,大气之人方能成大器,小肚鸡肠之徒除了斤斤计较之外,还能做什么?他们的心胸小如针眼,想必属于他们的天地也大不了哪里去。这样的人常常会为芝麻而丢掉西瓜,为了钱财而丢弃友情,为了眼前而丢弃未来,他们的这种心态也会破坏自己的人际关系。

敞开胸怀，不要斤斤计较

厚道经

如果你心情豁达、乐观，你就能看到生活中光明的一面，即使在漆黑的夜晚，你也会知道星星在闪烁。对于那些无关紧要的事，你需要敞开胸怀、不去计较，对于那些担心发生的事情，只要尽人事而听天命就行了。

和朋友、同事相处也好，和家人、爱人相处也罢，真正的"大事"往往很少，更多的则是一些鸡毛蒜皮的小事。但是很多时候，有些人为这些本来无关紧要的事而大动干戈。仔细想想，很为他们感到不值，因为这样去做既劳神又伤人，还有损自己的风度和人格。

古往今来，凡是那些取得大成就的人大都能够做到容人所不能容、忍人所不能忍。他们能够求大同、存小异。历史上，"负荆请罪"的故事家喻户晓，我们来回顾一下。

"完璧归赵"之后，蔺相如在仕途上可谓一帆风顺、步步高升，特别是公元前 279 年的渑池之会，蔺相如凭借自己的胆识和智慧与秦王斗争，终于使赵王免于受辱。回到赵国后，赵王已充分见识了蔺相如的英勇机智和过人的胆识，就把他封为上卿，地位在当时的大将军廉颇之上。

虽说蔺相如获此职位是再正常不过的事，可廉颇却为此事耿耿于怀，他心里琢磨：我廉颇为了赵国出生入死，流了多少血、出了多少汗，才混到今天的位置，可你蔺相如呢？不就是凭着三寸不烂之舌做成了点儿事吗？

居然就爬到我的头上，这口气我怎么能咽下去！

很快，街头巷尾便传出廉颇要羞辱一下蔺相如的风声。

说来也巧，一次，蔺相如的马车和廉颇的马车碰巧在大街上相遇了，由于道路太窄，只能通过一辆马车。蔺相如得知后，立马驾车绕道而去。此后，每当看到廉颇，他都绕道而行。

对于这件事，蔺相如的门客们有些看不惯，纷纷问其缘由，蔺相如耐心地对他们说："你们说说看，秦王和廉将军，哪一个厉害？"

"当然是秦王厉害。"大家都这样回答。

蔺相如缓缓地说道："我连秦王都不怕，怎么会怕廉将军呢？两虎相争，必有一伤。而秦国之所以怕赵国，就因为有我和廉将军，如果我们俩争起来，会有什么后果呢？"闻听此言，众人纷纷为蔺相如的义举进而感动和叫好。

俗话说，世上没有不透风的墙，这话很快传到了廉颇的耳朵里，廉颇听了感到非常惭愧，他想：作为国家重臣，自己竟为了一点儿私人小利而不顾及国家安危，真是太不应该了。幸亏蔺相如不和自己一般见识。想到这儿，廉颇便绑上荆条，赤裸着上身到蔺相如的府上请罪去了。

治国安邦也好，职场打拼也罢，以和为贵始终都是很重要的一点。人与人之间只有彼此关系和睦，才能进行更多的合作，如果总算计那些无关紧要的小事，那么我们就很容易被狭隘的思想给束缚，无形中为前进的道路设置了障碍。

塞缪尔·斯迈尔斯曾说过："如果我们心情豁达、乐观，我们就能看到生活中光明的一面，即使在漆黑的夜晚，我们也知道星星在闪烁。"

因此，对于那些无关紧要的事，我们不要斤斤计较，而应该敞开胸怀、尽力包容才对。有些事情可能是我们担心发生的，对于这些也不要总放在心上，尽人事、听天命就好。如果做不到这一点，就会被这些无关紧要的外在因素牵着鼻子走,从而偏离自己本该行走的正常轨道,这样岂不得不偿失了吗?

有一群年轻小伙子在一家饭馆里用餐,当那盘腰果虾仁端上来时,一个小伙子尝到了一颗坏了的腰果,于是找来饭馆经理要求重新上一盘。

经理不同意,说出现这种情况在所难免,本饭馆没有因为一颗腰果坏掉就给客人换菜的先例。

小伙子一听,不乐意了,气势汹汹地就和饭馆经理吵了起来,其他人也一并帮腔,后来越吵越凶,双方居然动起手来。

后来,饭馆经理又找来一群人把这几个小伙子给打伤了,为此饭馆经理被判处 6 个月劳教的处分。

其实,这只是一件很小的事,小到可以忽略不计,可是偏偏就因为双方的各不相让而大动干戈,最终导致锒铛入狱的结局。

在我们平时的生活中,这样的事也时有发生,比如,有时候在便道上行走,因为路窄,有的人就会两人并排行走,把路堵死,而那些被妨碍的人就会不依不饶、大骂对方。有时候,性急的人还会大打出手,把小事酿成大事。

在一部热播的电影中,主人公说过这样一句话:"21 世纪什么最贵?和谐!"没错,我们只有做到凡事看开些,不去斤斤计较个人得失,才能让自己的生活和工作更加快乐、顺遂。既如此,何乐而不为呢?

做个有度量的君子

厚道经

糊涂哲学告诉我们：做人要"得饶人处且饶人"，即既不要因为不值得的小事去得罪别人，更要能以一种豁达的心胸、以君子般的坦然姿态原谅别人的过错。

俗话说："宰相肚子里能撑船。"一个有度量的人，其心胸庞大到可以放下一艘船只。这虽然是个比喻，但不难看出，有度量之人能够容纳别人之所不能容，而这样的人才往往被称为君子。

与君子相对的自然就是小人，而小人的特质自然也和君子相反。如果我们仔细观察注意一下，就会看到有些人对事物的观察太敏锐，总觉得这也是缺点，那也是不足，这样一来，别人对他的过分挑剔就会难以忍受，从而不愿意追随他。

实际上，越是看上去污浊不堪的土地，其土质往往越肥沃，也就越有利于万物的生长。因此，只有具备宰相那样宽宏的度量，能够接纳世俗乃至丑恶的事物，才是"君子不计他人过"的实质。

文芳是一名十多年前就拿到注册会计师资格证的中年女性。如果不是接连生了两个孩子，她可能会一直奔波于职场，但是，孩子们的陆续到来让她不得不从职场退居到家里，当起了全职妈妈。

一晃 6 年过去了，第二个孩子也上了幼儿园，文芳终于可以重回职场了。

然而，在她投了很多份简历之后，却多半都石沉大海，没有回复。有几个公司虽然给了她回复，也有的要她去面试过，但对方一听她做了6年的全职妈妈，都打退堂鼓了。

　　文芳很想去一家实力不错、离家也不远的公司。可对方对她进行面试之后没有用她的意思。她想再争取一下，就重新给这家单位写了封求职信。可对方却毫不客气地在回信中说："我们公司需要没有任何家庭负担的人，像你有两个孩子，肯定经常会请假，平时你的精力也无法都放在工作上。所以，我们怎么能聘用你呢？"

　　文芳看完这封信之后又气又恼，她试图马上回信，想在信中骂一下这个说话刻薄的人，以发泄自己的怨气。

　　但当她坐在电脑前准备写这封信的时候，不由得对自己说："等一等，人家说的也不是不对啊，毕竟自己做了6年的全职妈妈，脱离了6年的职场，而自己的两个孩子虽然现在上幼儿园了，但每天在他们身上所花费的精力依然不小。"

　　于是，文芳改变了初衷，重新整理了思路，写了另一封信。她在信中提到："感谢您在百忙之中愿意抽出宝贵的时间来答复我，另外，由于我对自己的实际情况估量不足而再三请求获得这个职位感到抱歉。"

　　让文芳没想到的是，一周之后，她就收到了那家公司的回信，信中表示要给她一份财务部稍微轻松点儿的工作，因为她的宽容和谅解打动了对方。

　　看完这个故事，我们不得不为文芳而感到开心。与此同时，我们也为她当情绪箭在弦上的时候最终冷静下来而感到钦佩。

　　回想一下现实中的我们，当别人给我们当头一棒的时候，我们的情绪往往像故事中的文芳一开始那样，恨不得第一时间将自己的榔头给敲回去，认为只有这样才能够保住自己的"面子"，不致太让自己"掉价"。而实际上，越是这么想的人，越表明其错得离谱，如果一直任这种情绪和做法累积,那么到达一定的程度后,恐怕连改正的余地都荡然无存了。

生活中,不乏有人一旦遇到让自己不舒服的人和事,就会伺机报复。岂不知,这样的做法看来似乎是快意恩仇,但实际上,它也是一把双刃剑,当它刺进对方身心的同时,也伤害了报复者本人。

因此,报复不是唯一解决问题的方式,当你面对恶劣、无理的态度和行为时,只要无伤大雅,你就要学着用宽容的心去对待、去包容。

汤姆是一位商人,靠卖砖块为生。不久前,由于他与竞争对手卡尔的恶性竞争而导致他的生意陷入困局。原来,卡尔定期走访了建筑单位和承包商,对他们说:汤姆的砖不好,经营即将陷入困局,眼看就要关门大吉了。汤姆听到这些风声后,并没有认为对手会严重伤害到自己的生意,不过这件事还是让他心生怒意。

一个阳光灿烂的周日上午,汤姆去教堂作祷告,随后听一位牧师说:对那些故意为难自己的人要施恩。汤姆跟牧师诉苦,就在上周,由于竞争对手散布谣言,使自己失去了 20 万块砖的订单。牧师听了,却让他以德报怨、化敌为友,而且还举了很多例子来证明自己的理论。

第二天,汤姆在上班时安排本周的日程表时,发现在新泽西州的一位顾客正要盖一座大楼,需要一批砖,可是他却没有那位顾客指定的那种型号的砖,而卡尔那里却有这个型号的砖。同时,汤姆确信胡乱对他散布谣言的卡尔肯定不知道这个消息。

短暂的窃喜过后,汤姆却为难起来,他想到了昨天牧师的忠告,他觉得自己应该把这个宝贵的消息告诉卡尔。

经过一番内心的挣扎之后,汤姆左思右想,最终决定把这事告诉卡尔。其实,他主要的目的是想证明牧师是错的。于是,汤姆打电话到卡尔的公司,说完这个件事后,卡尔结结巴巴地说不出话来,但是汤姆很明显地感到卡尔很感激自己的帮忙。就这样,在汤姆的帮助下,卡尔顺利地联络上了那位新泽西州的承包商,并签下了订单。

从那之后,汤姆得到了非常惊人的回报:卡尔不再四处散布关于他的谣言,不仅如此,卡尔还把自己一时处理不了的生意转给汤姆去做。如今,汤姆的心里再也没有了对卡尔的成见,生意也越来越好。

虽然汤姆是经由牧师的指点才采取了"施恩"对手的行动,但我们还是不得不为汤姆的大度而叫好。这种宽厚与容忍绝对不是争斗的小人所能够做到的,只有光明磊落、宽厚包容的正人君子才做得出来。同时,由于他们能不计别人之过,不但没让自己的名声有丝毫损害,反而更受到大家的称道。

还是那句话:水至清则无鱼,人至察则无徒。宽恕是一种无形的"投资回报"。但是,有时候这种回报在当下无法看见或兑现,因此人们总是放不开或放不下,总是不能"心甘情愿"地宽恕他人。没错,看得见、摸得着的利益很吸引人,然而那些看不到的利益和希望更是一笔宝贵的财富。

别和他人发生无谓的冲突

> **厚道经**
>
> 任何决心有所成就的人决不会在无谓的争辩中耗费时间。争辩的结果,包括发脾气、失去自制等,其后果是难以让人承担得起的。

在日常生活、工作中,我们经常会看到两个人为了某件小事情而争得面红耳赤,甚至大打出手,最终闹得惨败收场的情景,比如在拥挤的公交车上,两人因为踩脚或者抢座而恶语相向;同事之间由于处理问题的方法不同而发生激烈争执,从此横眉冷对、形同路人;朋友之间因为误会而从此断交……

这些冲突不仅使人们解决不了实质性的问题,而且会严重影响人际关系,甚至使彼此结下仇恨,这是非常不必要的。

古语说:"水至清则无鱼,人至察则无徒。"对于人与人之间发生的矛盾、人与人之间出现观念上的分歧,如果硬要弄个水落石出、讨个合理的说法,往往只会适得其反。

所以,对待一些无关紧要或者非原则性的问题,我们大可以采取宽容、不计较的态度,避免无谓的冲突,这是我们生存的智慧。

春秋战国时期,孔子曾遇到这样一件事情。

有一天,一个浑身穿绿装的人来造访孔子,碰巧孔子外出不在家。

在等候孔子回来的期间,这位穿绿衣服的客人想先考考正在门外扫地的孔子的学生。他走到学生面前问道:"请问,你是孔子的学生吗?能不能向你请教一个问题呀?"

孔子的学生回答说:"我是孔子的学生,请问您想请教什么问题?"

客人便问道:"请问一年中共有几个季节?"

孔子的学生很疑惑这位客人为何问如此简单的问题,他莫名其妙地看了看对方,说:"一年中当然有春、夏、秋、冬 4 个季节了。"

听完孔子学生的回答,客人直摇头,他反驳道:"不对,一年中明明只有 3 个季节,你怎么能说是 4 个呢?"

孔子的学生听后,胸有成竹地争辩道:"不!是你搞错了,一年中的确有 4 个季节,我老师也是这样说的,一定是你搞错了!"

客人也毫不示弱地回敬道:"别人都说一年只有三季呀,是你错了!"

就这样,两个人争来争去,也没争出个什么结果,于是那个客人提出:"要不我们打个赌吧。"

孔子的学生自信地说:"赌就赌,你说赌什么?"

客人便说:"假如确定一年有 4 个季节,我给你磕 3 个响头,假如确定一年只有 3 个季节,你给我磕 3 个响头,你看怎么样?"孔子的学生二话没说就答应了客人。

这时,孔子从外面回来了,孔子的学生急忙走向前,请教老师说:"老师,一年中到底有 4 个季节还是 3 个季节?"

孔子看了客人一眼,转过身回答弟子说:"一年有春、夏、秋 3 个季节。"学生顿时傻眼了,而那个客人则非常得意,说道:"我说一年只有 3 个季节吧,你却不相信,既然你错了,赶紧给我磕 3 个响头吧。"

孔子的学生看了老师一眼,无奈地给客人磕了 3 个响头,客人开心地走了。

客人走后,学生不解地问孔子:"老师,你以前明明告诉我一年有春、夏、秋、冬 4 个季节,怎么今天又改口说只有 3 个季节呢?"

孔子笑了笑,对学生说道:"你没看到那个人全身都是绿色吗?其实,他是一只蚂蚱,春天生,秋天就死了,根本活不到冬天,所以,在他眼里,一年永远只有他所经历的春、夏、秋三季。你们这样无休止地争吵下去,是不会有任何结果的。与其妄自伤神,还不如吃点儿亏,磕 3 个头成人之美。一举两得,何乐而不为呢?"

听完孔子的教导,学生恍然大悟。

从上面这个故事中我们不难看出,与他人进行无谓的争辩、发生无谓的冲突是非常不明智的,不仅解决不了任何问题,而且会让自己显得愚不可及。只有尽力避免,才能使你排除干扰,不为无谓的事情伤神。

那么,在日常生活中,我们应该怎么做才能避免和他人发生无谓的冲突呢?下面给大家介绍几种有效的方法。

首先,当冲突一触即发时,应试着及时转移话题。罗斯福总统对待他的反对者，常常会和颜悦色地说："亲爱的朋友，你到这里来和我争论这个问题，很好！但在这个问题上，我们两人的见解自然会有不同的地方，让我们换个别的话题来讲讲吧！"这种首先亮出"免战牌"的方法能够有效地避免无谓的冲突。

其次，认清自己，建立高水准的自尊。俗话说得好："阎王好惹，小鬼难缠。"如果稍加留意，你就会发现，在人际交往中，身份地位越高的人，往往越容易相处，而那些不上不下的人反而会刻意刁难他人。

所以，如果你想要避免无谓的争论，就应该建立高水准的自尊，提高自身的内涵层次，培养宽阔的胸襟。

此外，如果总是和他人发生无谓的冲突，不仅无济于事，还会自贬身价。

最后，对他人做到"低压力"。如果你想要对方接受自己的意见而又不发生无谓的冲突，则应放弃威胁和强迫的手段，转为冷静陈述的方法，让对方感觉你不是在对他施压，将他逼进绝地。

如果使用威胁强迫的硬手段，只会让对方产生逆反心理，造成双方不必要的冲突。要明白，避免无谓的冲突并不是要你屈服于他人的观点和情绪上的压力而放弃自我，努力做事才是王道。

美国总统克林顿曾在白宫发表过一次演讲，其中说道："如果要我读一遍针对我的指责之后再逐一做出相应的辩解，那我还不如辞职算了。我在凭借我的知识和能力努力工作，而且始终不渝。如果事实证明我是正确的，那些反对的意见就会不攻自破；如果事实证明我是错误的，那么就算有 10 个天使说我是正确的，也无济于事。"

无休止地争论和冲突不仅解决不了问题，反而会让事情变得更糟，要知道，实践才是检验真理的标准。

保持平和的心境，不做无益的争辩

只要稍微留心一下就会发现，我们的周围，几乎无处不存在这样或那样的争论：一场电影、一部小说、一个特殊事件、某个社会问题都能引起争辩，甚至连某人的服饰或装扮也能引起争辩。从某种意义上看，争辩的过程实际上是寻求真理的过程。

然而，毕竟争辩不同于寻常的说话，它是带有"敌意"的语言行为。因为争论的任何一方都想推翻对方的看法、树立自己的观点，因此，但凡争论留给人们的印象都是不愉快的。如果你能够在论辩之前多投入一些思考，或许就会换一种方式和别人谈论某件事情以至于放弃争辩，如此，既做到个人心情舒畅、探求了真理，又不伤人与人之间的和气。

思泽于春节前在一家大型商场买了一套西装，穿了两天后，他发现上衣褪色，导致衬衣的领子都被染成了黑色。

于是，思泽到这家商场准备退货。他找到卖给他西服的售货员，叙述了有关情况，要求退款，可还没等他把话说完，售货员就开腔了。

售货员漠不关心地说："这款西装我们商场都卖出上千套了，从来没人挑战中毛病。"一看对方是这种态度，思泽很是恼火，他忍受不了售货员摆出一副漫不经心的态度，而且还指责他，好像他是故意来找茬儿似的。

思泽实在忍无可忍，便和她吵了起来。正吵得激烈时，又一个售货员加入进来，冲着思泽说："所有的黑色衣服一开始都会褪点儿色的，这很正常，没必要大惊小怪的。再说，这衣服价格这么低，褪色就更自然了，和我们卖衣服的有什么关系？"

思泽本来就很恼火，听了这样一番话，简直都要气炸肺了，心想：这不明摆着说他买的是劣等货吗？就在思泽打算奋起争辩、维护自己的权益时，售货部的宋经理走了过来。

宋经理让他们先停止争吵，并冷静地听完了思泽的描述。那两个售货员还想争辩，却被宋经理拦下了。接着，宋经理心平气和地说，思泽的衬衣领子显然是被西服弄脏的，并且说无法令顾客满意的商品，他们商场就不应该出售。宋经理承认了他不知道问题的原因，并坦率地对思泽说："您希望我们怎样处理这套衣服呢？我们一定会尽全力让您满意。"

听了宋经理这番话，本想无论如何也要退掉衣服的思泽平静了下来，他说："我先听听你的意见吧，如果这件衣服只是暂时褪色，我可以不要求退货，否则，请你帮我用其他方法解决问题。"

经过协商，宋经理答应思泽先试穿一个星期，然后再根据情况处理，同时，宋经理还承诺思泽，如果到时候还不满意，他一定会为思泽换一套全新的衣服，并对刚才店员对他的不礼貌行为表示歉意。

至此，思泽已经没有任何火气了，他满意地走出了商场。试穿了一个星期后，思泽没有发现衣服再有什么问题，他便给对宋经理写了封感谢信，表示对他的处理方式非常满意，并表明以后还会来他们商场购物。

不得不承认，宋经理在这件事情的处理上很成熟，而相比来说，那两个售货员显然差很多。其实，不做无益的争辩反而能为自己赢得他人的满意，从而让自己获得更好的声誉，如此看来，我们是不是该像故事中的宋经理学习呢?

回到我们的现实生活，由于人与人之间有着千差万别的思维观念，很容易外化成人与人之间的争执与论辩，大至思想观念，小至看法上的评论……争辩几乎无所不在。

每当我们遇到彼此的意见、想法与自己相左的情况时，我们就会出于本能地奋起辩驳，并希望大获全胜。这样一来，很多无益的争辩就这样发生了。岂不知，即使争辩赢了，也并不代表你就胜利了，因为天底下只有一种方式能在争辩中获胜，那就是保持平静的心态，做好吃亏的准备。

如果我们在问题和矛盾面前能够退一步、仔细思考一番，那么就能作出最冷静、最理性的选择。只要我们不去做一些无意义的争论，而是采取积极的态度、温和平静地和对方去探讨，就会取得意想不到的成效。下面的故事就向我们证明了这一点。

早上一上班，身为科长的刘丹让下属魏红准备一下上报给部门经理的材料，可到了下午3点多，魏红还没准备好，这让刘丹很恼火。直到快下班的时候，魏红才把材料交上来。当时，部门主管郭大姐正好在办公室和刘科长谈论工作。

刘丹拿过材料看了一下，发现里面有很多不清晰的地方，顿时很生气:"魏红啊魏红，你看你这是做的什么啊?做了一天，居然做到这种程度，太不认真了!"

本来，魏红就因为刘丹的职位比自己升得快而心怀成见，再加上这件事，她更是难以服气，于是大声争辩说:"我写得不好，那么就让您这个很牛的科长自己写好了!"

两人这么一来二去，便吵嚷起来，站在一旁的老员工郭大姐马上劝说:"你们都别上火。刘科长，刚才王经理打电话叫你呢，你赶快去看看是不是有什么事情要处理吧。"

刘丹走了以后，郭大姐先让魏红消消气，然后对她说："我知道你为了赶这个材料很辛苦，来，我再看看。小魏呀，你的字写得真不错，有些观点也很鲜明呢！看来真是咱们公司的后起之秀。不过，你再看看这个地方，我理解起来有点儿困难，你可不可以帮我解释一下？"

"是吗？我再核实一下。还真是呢，我没有考虑周全，多亏您帮我指出来了，我再改改。"郭大姐继续说道："小魏啊，你很有才华，比我当初简直强得不是一点半点。不过你做任何事情都要谦虚、谨慎一些。以你的才华和能力，肯定很快就出人头地的。对了，你拿回去再把材料好好修改一下，明天把改好的交给刘科长，这样对你自己也有好处，对不对？"魏红说，"您说得对，郭主管，我一定尽力，还是您想得周全，谢谢啊！"

面对同样一件事，不同的语气和用词就会换来不同的效果，恰好说明了："口说一句好话，如口出莲花；口说一句坏话，如口吐毒蛇。"看完这个故事，我们不难看出，郭主管不愧是资历老道的职场人士，她在平时处理下属的问题时肯定是平和而冷静的，决不会做一些无益的争辩。

我们应该向故事中的郭主管学习，在为人处世时要不怕吃亏，充分利用人性的"好胜心"、"虚荣心"，减少无益的争辩，从肯定对方的观点出发，使其获得自尊感。这样一来，我们在处理问题的时候就会更加自如顺畅，结果也会超乎我们的预期。既然这样，就把这种做法谨记心中吧，相信会为我们的为人处世带来很多帮助和益处。

用"柔"的力量化解矛盾

厚道经

在面对困难、障碍和痛苦时，多一些忍让，试着用"柔"的力量去化解一些，相信你会成为真正的胜利者。

在日常生活中，"万事如意"、"一帆风顺"等美好的词语恐怕只能出现在人们的祝福声和童话世界里，现实生活中的我们总会难免遇到各种各样的问题。当遇到问题时，你不要着急上火，与人发生争执，而应该学会收敛态度、冷静对待。正所谓百炼钢化绕指柔，用以柔克刚的绝妙方法把问题解决于无形。

我们民间有句俗语"四两拨千斤"，这其中说的正是"柔"的力量。想想看，一块巨大的石头虽然坚硬无比，但当被一堆棉花团团包围，那么石头的力量就显示不出来了，反而被棉花给征服。

在我们身边也不乏一些性情刚烈之人，如果我们和他们硬碰硬，势必会导致双方克制不了情绪，到最后两败俱伤。相反，如果以"柔"去周旋，说不定就是另外一番景象了。

郑国在我国春秋时期只能算一个小国，力量很弱，所以，要想在当时的情势下得以生存，就要尽快想办法增强国家实力。为此，郑国的国君子产提倡振兴农业、兴修农事，同时征收税，以确保有足够的军费供应和给养。

可是，当新税开始征收的时候却导致民怨沸腾，甚至有人扬言要杀了子产，朝中大臣们也纷纷表示反对。

对此，子产却不予理会，只是静静地等待事态的发展。一些心急的大臣忍不住问其缘由，子产也不做过多的解释，只是说："国家应以利益为重，必要时自然要牺牲个人利益，服从国家利益。我认为做事应当有始有终，不能虎头蛇尾。有善始而无善终，那样必然一事无成，所以，我必须将这件事做完。"

因此，新税照常征收。随后，子产开始振兴农业，使郑国的农业得到快速发展，此时，老百姓便由怨愤转为称赞。

之后，子产又在各地设立乡校。由于当时乡校允许言论自由，导致有些人把乡校作为议论的平台进行政治活动。这时候，有人担心会影响郑国的统治，就建议子产把乡校取缔，可子产却不以为然，他说："这是没有必要的，我也不怕吃亏，百姓劳累了一天，到乡校中发牢骚、评谈政治很正常。我们可以作为参照，择善而从，鉴证得失，若强行压制，岂不如以土塞州？暂时或许会堵住水流，但必将招来更猛的洪水激流而导致冲决堤坝。那时，恐怕就无力回天了，若慢慢疏导，引水入渠、分流而治，岂不更好？"

上奏的大臣听完子产的话之后纷纷表示认同。就这样，在子产的领导下，郑国的国力逐日强盛，老百姓的生活也改善了很多。

从这个故事中可以看出，子产作为一国之君，并没有用行政命令压制那些和自己意见不同的人，而是采取以柔克刚的做事之道，让事情平稳发展。如果说以刚克刚容易造成两败俱伤，那么以柔克刚则往往效果显著。

因此，如果你遇到别人用恶毒的方式对待自己的时候，你不妨先冷静下来，思考一下对方的指责有没有道理、对自己有没有实际作用，如果答案是肯定的，那么你还要感谢一下对方的"无私帮助"呢！

常言道："人争一口气。"岂不知，那些真正有本事的人并不会去争这一口气，而是将其咽下去，然后根据自己的计划，尊重事态的发展，一步步地走下去。正所谓，谁笑到最后，谁笑得最好。

远离怒气，不被冲动"俘虏"

厚道经

如果你不能控制自己的怒火而任其蔓延，便很难和他人相处、沟通，甚至会影响自身未来的发展。因此，在你愤怒而想行动时，千万要告诉自己学会控制怒火，不怕吃眼前亏才是好汉。

日常生活中，我们不乏常常遇到这样的情况：办公室的同事悄悄到老板面前打你的小报告；排了很长时间的队，前面却突然出现一个可耻的插队者；隔壁邻居在你正准备睡觉时却把音响开得很大；公交车上，因为拥挤，被人不小心狠狠地踩了一脚；失意之时被人落井下石，等等，在诸如此类情况下，我们很容易就会被激怒，从而做出一些令自己悔恨交加的蠢事。

心理学家指出，人的愤怒情绪一般只需几分钟，甚至几秒钟就可以平息下来。但如果在当时不及时把这种负面情绪转移，就会愈演愈烈。

也就是说，你会越想越气，感觉忍无可忍，必须有所行动才能发泄心头之恨。等你发泄完之后，才会逐渐冷静下来。

当你冷静下来之后，回过头去想时又会发现，那些冲动之下做出的事在很多时候都是不应该、不理智的愚蠢行为。

在 2009 年的南非世界杯足球预选赛上发生了这样一件令世人瞠目的事情。

那次比赛的双方是德国队和威尔士队，这两个队实力相当，所以比赛进行得非常激烈。

比赛进行到下半场的第 38 分钟时,德国队队长、德国队功臣名将巴拉克刚刚结束了防守,便抬手指向了前锋波多尔斯基,因为他觉得波多尔斯基在刚才的防守中表现得不够积极。就在接下来的这一刻,场上发生了令世人瞠目结舌的那一幕。

波多尔斯基走到巴拉克面前,抬手拨开他的手臂,随后顺势打了巴拉克一个耳光。

显然,巴拉克并没有预料到自己的队员会在此时打自己耳光,人们都在想,作为一个功勋卓著的著名老将,在众目睽睽之下受到一个年轻球员这样的侮辱,巴拉克肯定会暴跳如雷,立马还手反击。

但是他没有,他只是捂了一下被打的脸,愣了片刻后,又迅速投入到比赛中。德国队教练看情况不妙,立马就把冲动的波多尔斯基换下了场,才让德国队最终以 2:0 的优势战胜了威尔士队。

比赛结束后,鲁莽冲动的波多尔斯基成了媒体和大众的众矢之的,纷纷追问和谴责他为什么要打巴拉克耳光。

波多尔斯基羞悔万分,坦诚道:"我是一个白痴,给队长巴拉克的那个耳光完全不应该,他永远都是我的偶像。"

后来真相大白,原来波多尔斯基打巴拉克那个耳光完全是冲动所致。他当时正因为自己一直没进球,心情非常郁闷,看到队长说自己不是,顿时就火冒三丈,冲动之下就打出了那一巴掌。

然而,巴拉克事后的表现更是博得了媒体和大众的赞扬。他并没有过多地指责波多尔斯基,只是平静地说:"波多尔斯基还年轻,他需要学习的东西还很多。当时在比赛场上,我只是想和他讨论一下战术。"巴拉克如此冷静和大度,令波多尔斯基更加无地自容。

试想,如果巴拉克没有冷静地控制住自己的情绪,和波多尔斯基一样愤怒冲动,球场上将会上演怎样一幕令世人耻笑的闹剧?德国队也许就不会顺利赢得最终的胜利。

所以,当你遇到令你气愤冲动的情况时,一定要学会克制自己的情绪,以免这个可怕的"魔鬼"对自己造成无法补救的伤害。

从前,有个人在一夜之间突然富有了起来,但是他却不知道如何来处理这些钱,于是他向一位和尚诉苦,这位和尚便开导他说:"你一向贫穷,没有智慧,现在有了钱,不贫穷了,可是依然没有智慧。近来城内信佛的人很多,有大智慧的人也不少,如果你出千把两银子,别人就会教你智慧之法。"那人就去城里,逢人就问哪里有智慧可买,有位僧人告诉他:"倘若你遇到疑难的事,且不要急着处理,可以先朝前走7步,然后再后退7步,这样进退3次,智慧便来了。"那人听后,将信将疑地离开了。

当天夜里发,那人回到家,昏黑中发现妻子与人同眠,顿时怒起,拔出刀来便想行凶。这时,他忽然想起白天买来的智慧,心想何不试试?于是,他前进7步、后退7步各3次,然后点亮了灯光再看时,发现妻子与自己的母亲同眠,于是他庆幸自己买了智慧,避免了一场杀母大祸。

由此可见,自己只有学会控制愤怒,才能为自己的成功增添筹码;而持续地愤怒除了让自己的身体受到危害,更会湮没自己的快乐与成功。因此,请大家牢牢记住:愤怒的人总会打败自己。

不可否认,日常生活中,我们总是免不了这样或那样的矛盾和冲突。但是,每个人在选择冲动的同时也可以选择克制或者以退为进,要知道,你平静的心灵是他人无法攻克的堡垒。

与人相处,不争一时之气

> 不争一时之气能让我们每个人的生命充满美感,让每个人的生活变得轻松,让每个人的灵魂开满智慧的花朵。

生活中,见到他人发脾气恐怕是我们每个人经常会遇到的事,同时我们也经常看到有人因为发了脾气而最终把事情搞得一团糟。究其原因,并不是这个人的能力不够,更不是这个人不善于和他人沟通,而是因为这个人的坏情绪导致了最后不可收拾的残局。

人与人之间交往,总免不了产生一些摩擦或者矛盾。在这些不愉快面前,人和人处理问题的方式各不相同。如果一个人心胸豁达,懂得包容和宽恕别人,那么,他眼中的世界永远是阳光明媚、积极向上的;与之相反,如果一个人总是心胸狭隘、喜欢和别人斤斤计较、凡事针锋相对,这样既容易伤害对方,又会让自己缺少朋友,从而导致以后有了什么困难也难以找到帮助自己的人。有这样一则小故事可以反映这个道理。

一次,一头大象在森林里漫步,由于没注意,大象不小心踏坏了老鼠的家,大象很诚恳地向老鼠道歉,可是老鼠却不肯原谅大象,并且对此耿耿于怀。

此后的一天,老鼠见大象躺在地上睡觉,心中暗想:"报复大象的机会来了,我要趁它睡觉的时候咬它一口。"

老鼠狠了狠心,张开嘴巴就去咬大象,但是大象的皮特别厚,老鼠根本咬不动。这时,老鼠围着大象转了几圈,发现大象的鼻子是个进攻点。

就这样,老鼠又钻进了大象的鼻子里,狠命地咬了一口大象的鼻腔黏膜。

大象被惊醒了,它感到鼻子里有一阵刺激,就猛然打了个喷嚏。没料到,大象的喷嚏力量太大,把老鼠射出了好远,老鼠被摔得嗷嗷直叫。

经受了这次教训,老鼠开始对前来探望它的同类们说:"你们一定要记住我的惨痛教训,不要睚眦必报,而应该得饶人处且饶人!"

生活中,像老鼠这样的人并不罕见,他们总是无理争三分、得理不让人,小肚鸡肠,直到自己因此而吃了亏之后方才醒悟。

下面是一个关于古希腊伟大的哲学家苏格拉底的故事。

有一天,苏格拉底和老朋友在雅典城里一边散步一边愉快地聊天,忽然有位愤世嫉俗的青年出现,用棍子打了他一下就跑开了。他的朋友看见了,立刻回头要找那个家伙算账,但是苏格拉底却拉住他,不让他去追,朋友奇怪地问道:"难道你怕这个人吗?"

"不,我绝不怕他。"苏格拉底说。

"那为什么他打你,你不还手?"

此时,苏格拉底笑着说:"老朋友,你糊涂了,难道一头驴子踢你一脚,你也要踢它一脚吗?"他的朋友听后点点头,便不再说什么了。

荷兰哲学家斯宾诺莎曾说过:"人心不是靠武力征服的,而是靠爱和宽容征服的。"人非圣贤,孰能无过,人与人之间相处,应该得饶人处且饶人。

你与他人发生了争执,你若顺从他,或许是为往后留下了一条康庄大道;但若睚眦必报、不依不饶,便是在无形中为自己筑起了一道墙。正如清朝"红顶商人"胡雪岩所言:"饶人一条路,伤人一堵墙。"

从前有个尤翁在城里开了一家典当铺。有一年年底的一天,他忽然听到门外有一片喧闹声，便整整衣服到外面看看发生了什么事。

原来，门外有位穷汉正和自己的伙计拉拉扯扯、纠缠不清。站柜台的伙计愤愤不平地对尤翁说："这个人将衣物押了钱，却空手来取，我不给他，他就破口大骂。您说，有这样不讲理的人吗？"门外那个穷汉仍然气势汹汹，不仅不肯离开，反而坐在当铺门口。

尤翁见此情景，从容地对那个穷汉说："我明白你的意图，不过是为了度年关。这是小事，值得争得这样面红耳赤吗？"于是，他命令伙计找出那位穷汉的典当物，加起来共有衣服、蚊帐四五件。尤翁指着棉袄说："这件衣服御寒不能少。"又指着外袍说，"这件给你拜年用，其他的东西不急用，就先留在这里，等你有钱了再来取。"那位穷汉拿到两件衣服，不好意思再闹下去，只好离开了。

谁知，当天夜里，这个穷汉竟然死在别人的家里。原来，穷汉和别人打了一年多的官司，因为负债过多，不想活了。但是他又想到自己死后，他的妻儿将无依无靠，于是就先服了毒药，故意寻衅闹事。他知道尤翁家富有，想敲诈一笔安家费，结果被尤翁以圆融的手法化解了，没有傻乎乎地成为他的发泄对象，于是他就转移到了另外一户人家里——和他打官司的那家。最后，这户人家只有自认倒霉，出面为他发落丧葬事宜，并赔了一笔"道义赔偿金"。

事后，有人问尤翁，难道是事先知情才这么容忍他？尤翁回答说："凡是无理挑衅的人，一定有所倚仗，如果在小事上不能容忍，那么灾祸就会立刻到来了。"最后，他借鉴了佛陀说过的一句话："与人相处之道，在于无限容忍。"

不可否认，很多灾祸都是由一点儿小事引发的。如果在小事上不能容忍他人，斤斤计较，那么灾祸就会立刻到来；如果在小事上能够容忍他人，不争一时之气，灾祸自然不会找上门来。

原谅他人是一种风格,宽容他人是一种风度。善于忍耐的人好比是金子,炼出心中的渣滓,使自己更加明智;而不善忍耐的人,结果正好相反。

放下指责的利剑,敞开宽容的胸怀

　　宽容是人们对付人生苦难的手段,是为享受生命乐趣服务的,拥有宽容豁达境界的人将拥有更多的享受生命快乐的情趣。

　　在生活和工作中常常有这样的人,他们总喜欢严厉地责备他人,使对方产生怨恨,不觉中使彼此的沟通难以进行,事情也办得一团糟,这是因为,每个人在内心深处都不愿意他人责备自己,谁愿意承认自己是错误的呢?每个人都能够为自己的错误行为找出一大堆的理由。即使一个人知道自己犯了错,也不愿意在公开场合承认自己的错误,更不愿意别人当面指出。如果有人当面指责,他就会立即调动全部的智慧和力量来辩解。其实,只有不够聪明的人才会批评、指责和抱怨别人,而真正的智者则会用自己的威信去让别人折服。

　　当宗演禅师还是个游僧的时候,在建仁寺的俊涯禅师座下参禅。夏日的一天,由于天气非常闷热,宗演就趁俊涯禅师外出时躺在寺院的走廊上,伸展着四肢睡着了。不久,俊涯禅师回来了,看到宗演那种"大"字状的睡相,不禁大吃一惊,同时,听到脚步声的宗演也惊醒了,但已来不及回避,只好厚着脸,假装继续睡觉。

216

"对不起! 对不起!"俊涯禅师轻声地说道, 并小心翼翼地绕过他的脚走进客厅, 宗演此时则惭愧得冷汗淋漓, 从此, 他一分钟也不敢懈怠, 而是朝夕勤奋参禅。

俊涯禅师圆寂后, 宗演慢慢成为一代宗师, 领导 300 个学僧参禅, 因为想到过去老师对自己的慈悲, 即使自己在走廊上睡觉都不加以责备, 所以他待学僧一向都比较宽容。

后来, 年老的宗演禅师每日为教育学僧而操劳, 日夜都无法成眠, 不得已, 只好利用静坐的时候小眠片刻。

有一次, 在宗演门下习禅的一位学僧批评道:"我们的老师宗演禅师每天打坐的时候都有打瞌睡的习惯, 我们问他为什么禅坐的时候打瞌睡, 老师回答说: 我是到梦乡见古圣先贤, 就像孔子梦见周公一样。"这样的批评在学僧中流传很广, 甚至后来学僧也学着利用禅坐时睡觉, 然而宗演禅师仍不厌其烦地鼓励学僧好好用功。

学僧不服气道:"我们是到梦乡去见古圣先贤, 就如孔子梦见周公一样。"

然而, 宗演禅师毫不生气地问道:"你们见了古圣先贤, 他给了你们一些什么开示?"学僧听后无言以对, 但均有所悟。

学僧和老师的境界终究不一样。宗演禅师承受其老师的慈爱, 故也以慈爱摄受学僧, 学僧们只受到了其慈爱的摄受, 没有被他的威力所折服, 因此不易养成尊师重道的心性。但宗演禅师的爱心加上禅味, 以一句"古圣先贤给了你们什么"开示学僧, 终于让学僧们折服, 知道自己不能和老师比了。

卡耐基曾说:"100 次中有 99 次, 没有人会责怪自己做错任何事, 不论他错得多么离谱。"的确在很多时候, 我们总会为自己的失误找到理由, 而对别人的过错进行责备。可实际上, 我们用批评和指责的方式并不能使别人产生大的改变, 反而会引起他们的愤恨。一个人之所以那样做, 一定有他的原因。你了解了其背后的原因，也就不会对结果感到吃惊了。正如亚里士多德所说："全然的了解，就是全然的宽恕。"不要责怪他人，要试着了解他们，试着明白他们为什么会那么做，这比批评更有益处，也更有意义得多。"

事实上，若给予他人任何尖锐的批评和攻击，所得到的效果都是零。批评就像家鸽，最后总是会飞回家里。当你想指责或纠正你的对象时，他们会为自己辩解，甚至反过来攻击你。成功人士的经验告诉我们：学会宽容和尊重，才能更好地与人相处。

然而，在现实生活中，却有很多人做不到这一点。在与他人的交往中，一旦他们发现别人做得不好，就不管三七二十一地发泄出来。殊不知，这样的做法会严重影响人与人之间的友好交往，是侵袭人际关系的"毒瘤"，而最终的受害者不是别人，正是他们自己。

冀东梅在一家民营企业担任经理助理，负责协助经理做一些日常工作。

但是，工作了一段时间后，冀东梅察觉自己的顶头上司有一点儿"特别"——动不动就冲下属发火，特别爱指责下属，即使只是一点儿小纰漏，他也会怒气冲天。于是，冀东梅千般小心，万般注意，生怕一不留神就被经理凶一顿。

可即使是这样，冀东梅也没躲过挨凶的"命运"。有一天，经理不知因为什么事情心情不好，一直板着一张脸，当冀东梅将刚整理好的文件递交给经理时，经理极其不耐烦地快速翻看了资料，并且特别没好气地对冀东梅发火道："你根本就没有用心搜集资料，这点儿事都办不好，你还能干什么？公司花钱是让你来上班的，不是让你来吃闲饭的！"说完将文件狠狠地摔在桌子上。

冀东梅被经理臭骂一顿后，心里觉得非常委屈，心想：这些文件可是自己花了好多心血搜集整理出来的，经理不认真看也就罢了，还莫名其妙地对自己发火！冀东梅感到非常生气。

公司里，和冀东梅有同样遭遇的同事不在少数，财会付小文也是"倒霉鬼"之一。

不久前，付小文因为处理工作上的其他紧急事宜而延迟了递交财务报表的时间，将财务报表交给经理的那天，恰巧经理因为什么事而心情不好，正在火头上，于是他看都没看报表，也没问清楚原由就劈头盖脸地呵斥付小文："财务报表怎么现在才交？早干嘛去了？以你这种工作态度，迟早会被开除！"付小文听了非常不服气，刚想解释，经理就挥挥手，不耐烦地说，"你出去吧！我不想听你解释！"

可怜付小文憋了一肚子苦水，有理都没处说。

在与经理不断的交往接触中，同事们都发现经理是个爱随随便便指责别人的人，虽然平时没事时有说有笑的，但是心情不好就翻脸不认人。

因此，员工们私下里都对经理有诸多不满，工作上也开始怠工，对经理下达的任务和指示也不再积极配合，甚至导致工作无法顺利进行。

半年多的时间过去了，这位爱胡乱指责别人的经理明显感觉到了下属们对自己的不满，迫于这方面的压力，他不得不选择离职。

冀东梅的经理因为自己的不快而迁怒于下属，引起下属们极其的不满，严重影响了其正常的人际交往和工作的进行，最终受害者还是自己。

不要指责他人，并不意味着你要放弃必要的批评，其中的原则首先应建立在尊重他人的态度之上，以对方能够接受的方式来批评。众所周知，法庭要确定一件事情的对与错，往往要做大量细致入微的调查工作，也就是先假设被指证人是无罪的，通过分析各种原因，找出人证物证之后再做定论。在日常的人际关系中也是如此，无论别人错得多么离谱，都不要指责和抱怨，应先抽出哪怕一分钟的时间，问问对方为什么这么做。

古人云：冤冤相报何时了，得饶人处且饶人。宽容是一种生存的智慧、生活的艺术。对愚妄而夜郎自大的人，不计较颜面一时的得失，一笑了之，这是宽容;"吾日三省吾身",反思自己的过错,原谅别人误解自己的事,这也是宽容。

感激那些折磨过自己的人

厚 道 经

> 从心理学角度来看,当一个人受到的打击超过自己"心灵所能承受的限度的时候,他就会爆发出一股力量,这股力量会驱使他要向别人证明"我能够成功!"

在我国的民间俗语中有这样一句话:"刀不磨不锋利,人不磨不争气。"

确实,在日复一日的生活中,我们难免会受到各种各样的折磨:敌人的百般打击、上司的百般刁难、同事的冷嘲热讽、朋友的流言蜚语……这些看似与自己为敌的人,往往也是自己的贵人。所以,我们不必对他们心存怨恨,而是要以积极的心态面对他们,因为是他们激发了我们的斗志,磨炼了我们的意志,从而提高了我们的才能。

著名成功学大师卡耐基说:"一个人在饱受对手折磨的背后隐藏着未来的成功,所以,敌人是促进你取得成功的动力源。"一位哲人也说过,任何的学习都比不上一个人在与敌人较量的时候学得迅速、深刻和持久,因为它能使人更深入地了解社会,接触社会现实,使人们得到提升与锻炼,从而为我们铺就一条通向成功的道路。

有着"汽车大王"之称的亨利·福特出生于密歇根州的格林费尔德城,父亲是当地一个农民。福特在家排行老大,所以从 13 岁开始,他就在一家私人加油站打工，以养家糊口。

由于福特很早就对机器类的东西感兴趣，所以福特刚开始想学修车，但是，起初老板只允许他在前台接待顾客、打打杂。加油站的老板是个极为苛刻的人，每次都不让小福特闲着。每当有汽车开进来时，都会让他去检查汽车的油量、蓄电池、传动带和水箱等。

后来，老板又让他去帮助顾客擦车身、挡风玻璃上的污渍。有一段时间，每周都有一位老太太开着她的车来清洗和打蜡。这个车的车内踏板凹得很深，因此很难打扫，并且这位老太太极难说话，每次，当福特给她把车清洗好后，她都要再仔细检查一遍，并让福特重新打扫，直到清除掉车上的每一缕棉绒和灰尘之后她才会满意。终于有一次，小福特忍无可忍，不愿意再侍候她了，这时，店老板厉声斥责他说："你不愿干就赶快滚，你自己看着办吧！"

小福特心中很是痛苦，回家后就将这件事情告诉了父亲，父亲却笑着告诉他："好孩子，你要记住，这是你的工作责任，不管顾客与老板说什么，你都要尽力做好你的工作，这将会成为你的人生财富。"在以后的日子中，小福特就谨记父亲的话，不管老板与顾客再怎么刁难他，他都会以微笑视之，并努力将事情做好。

几年后，福特凭借自己的各种基本洗车技术以及其在顾客中的良好表现开起了自己的店面，最终成为世界级的"汽车大王"。

应该说，福特的成功与他懂得感激那些折磨自己的人有着极大的关系。俗话说："吃一堑，长一智。"那些让你吃一堑的人正是给你一智的客观条件。

如此，你为什么不对其心存感激呢？只有学会感谢折磨你的人，才能让你与成功结缘。你不妨问问自己，在日常生活和工作中，你是否有这样的感受：你的上司很差劲，经常批评你或者对你有误解，而这种情况反而促使你萌生一定要成功的念头；你的父母兄弟对你的关心不是很多，而且他们也没有更多的条件给你提供什么帮助，你是不是会因此而萌生要闯出一番天地的念头……

从心理学角度来看，当一个人受到的打击超过自己的心灵所能承受的限度的时候，他就会爆发出一股力量，这股力量会驱使他要向别人证明"我能够成功！"如此看来，你是不是要对那些折磨过自己的敌人或是朋友心存感激之情呢？如果没有他们，或许就没有你今天的成就。

有一位记者问"奔驰"的老板："奔驰车为什么能进步如此之快，迅速风靡世界？""奔驰"的老板答道："因为宝马把我们追得太紧了。"几日后，记者又问"宝马"的老板同一个问题，宝马的老板回答说："因为奔驰跑得太快了。"

爱尔兰著名女作家梅芙·宾奇曾经是一所学校的老师，由于收入很低，她的生活过得很是清苦，总是需要向别人借债度日。后来，由于债主的百般催逼，促使梅芙·宾奇拿起了笔，通过写文章来挣钱还债。经过一番努力，渐渐地，梅芙·宾奇的名子在爱尔兰家喻户晓。很多年后，当她在公共汽车站偶遇当年的那位催债的债主，她不胜感激地说："谢谢您，是您把我逼成了畅销书作家！"

类似上面的事例不胜枚举，可以说，对手在很多时候是推动我们不断进步的"朋友"。当我们被对手追赶，并很可能被超越时，我们才会毫不懈怠、全力以赴地奋力拼搏，这让我们始终向着更好的方向发展。因此，在某种意义上，我们永远不要试图消灭对手，而应该乐观看待对手的强大和优秀。正如希腊船王欧纳西斯所说的："要想成功，你需要朋友；要想非常成功，你需要敌人。"

假如说，对你好的人是在帮助我们成功，那么折磨你的人则是在"逼迫"你成功。既然如此，你对那些折磨过自己的人又怎么能不心存感激呢？

第 **9** 章

心中有个尺度，衡量自己该走的路

　　面对光怪陆离的社会，一个真正厚道的、智慧的人是不会迷失自己的，即使取得了令人瞩目的成就，他也不会得意忘形，而是知道自己该走什么样的路。事实上，我们每个人都是有别于他人的，所以我们在社会上生存，就要挥洒出自我的个性来，按自己的爱好展示自己，不随波逐流，不盲目跟从。只有这样，才能彰显出独立的人格，才能受到更多人的尊重，赢得更多人的欢迎。

永远不当名利的奴隶

厚道经

　　厚道的人心中有一把尺度，用以衡量自己该走的路，判断自己该做的事，平和地追求成功，脚踏实地地做人，永远不会让自己变成名利的奴隶，更不会为了名利而违背做人做事的原则。

　　乾隆皇帝下江南的时候曾问金山寺的一位高僧："长江中的船只每天都来来往往，如此繁华，一天到底有多少条船经过这里啊?"高僧答道："这里只有两条船经过，一条为名，另一条为利。"

　　名与利，始终与人生挂钩。人们的衣食住行离不开金钱，人活着也势必要争一口气，渴望扬眉吐气、有所作为，但若把追逐名利当成了人生唯一的目标和自我价值的体现，人就成了名利的奴隶。

　　一个人到沙漠寻找宝藏，苦走了几日，宝藏没有找到，却已水尽粮绝。由于没有食物、没有水、没有力气，于是他绝望地躺在沙漠里等着死神的降临。

　　临死的那一刻，他默默地向神祈祷："神啊，救救我吧!我还这么年轻，真的不想死。"

　　神真的出现了，问他："你想要什么?"

　　他急切地说："食物、水，哪怕一点点就好。"

　　神满足了他的要求。在吃饱喝足之后，他又继续向沙漠走去，幸运的是，没走多远他就找到了宝藏，贪婪的他把宝藏一股脑儿全装进了自己的口袋。可是，这个时候的他已经没有足够的食物和水了，无法走完剩下的路。为此，他只得带着宝藏往回走。

一路上，他的体力慢慢消耗，不得不扔掉一些宝藏。就这样，他一边走一边扔，最后把身上所有的东西都扔掉了。他又一次躺在水沙漠里，等待着死神的降临。

临死之前，神又出现了，问他："你还有什么愿望？"

他说："食物和水，我要更多的食物和水。"

故事中的那个人在死到临头的时候，却依然渴望更多的食物和水，为了捡回那些夺目的宝藏，他已然成了被名利操纵的木偶。放眼望去，在我们周围那些熙熙攘攘的人群中，又有多少人和故事的主人公一样？

在我们的周围，一些人为了获得更多的财富，拼命地去争，不惜抛弃诚信和厚道，任由"金钱"的魔掌掌控着自己；为了获得更高的地位，费尽心机地往上爬，不惜抛弃仁义和道德，任由"名位"这根线牵引着自己。明明是自己为了名利奔波，却还自以为自己在掌控着命运，殊不知，命运早已经将他们交给了名利和欲望，他们随时随地都可能成为名利的牺牲品。

朱熹曾告诫世人："凡名利之地，退一步便安稳，只管向前便危险。"这就是说，只有淡泊才能明志，只有宁静才能致远。只有剥去世俗的外衣，才能种下成功的种子。厚道的人能始终谨记这一教诲，他们不是不食人间烟火，完全超脱于功名利禄，不是完全地与世无争，更不是甘愿无所作为，他们只是超越了一切世俗的观念，舍弃了无止境的贪欲，保持着一颗不为名利所累的心以及适可而止的理智。厚道的人的内心非常清楚，如果一个人醉心于功利，就会被"名缰利锁"束缚，就会对褒贬毁誉斤斤计较、患得患失；如果一个人变得野心勃勃、贪得无厌，为了争权夺利而陷入钩心斗角之中，就有可能泯灭良知。做人要保持厚道的本性，对别人厚道，对自己亦如此，唯有不受名利所奴役，看清名利的力量，拥有合理运用名利的理性，才能够真正成为掌控自己的主人。

　　只是,现实社会五光十色,到处都充斥着炫人的诱惑。对于名利这些东西,大多人只是嘴上说说"视名利为粪土",当他们真正面对名利的时候,却仍然忍不住要去争一下、抓一抓。尽管最后可能弄得自己身心疲惫,可下一次还是免不了这么做。

　　那么,如何才能让自己在名利面前不卑不亢,保持厚道的本性呢?

　　很简单,就是要保持一颗淡泊之心。简单地说,就是对功名利禄、金钱美色、得与失等能以理智的态度对待,不是什么都不追求、什么都不在乎,而是能够平静地对待生活、对待身边的人和事,要做到面对得到欣然接受,面对失去泰然处之;在鲜花与掌声中不忘形,在冷嘲热讽面前依然故我。仔细想想,人生在世,名利本就是身外之物,生不带来,死不带去,根本没必要看得太重。如果你一刻不停地追求和索取,就难以获得满足,它只会不停地给你造成烦恼和麻烦,甚至引诱着你陷入贪欲的深渊,忘了做人之本,以致身败名裂。

　　在所有的处世原则中,淡泊是最该铭记于心的。有了一颗淡泊名利的心,才不会因为一次失败而沮丧或失态,也不会在成功面前骄傲自满;有了一颗淡泊名利的心,才能够用超然的心态看待眼前的一切,真正做到不以物喜、不以己悲;不为凡尘牵绊,不为烦恼左右;有了一颗淡泊名利的心,才不会在物欲横流的社会中失去最真的自我,始终保持一份独有的安宁和坦然。

　　厚道做人,不是要一门心思贪图安逸、不思进取,否则只会一事无成;厚道做人,是要保持本真的自我,在正确和有度的欲望驱动下不断地提升自我而不沦为名利的奴隶。做个厚道的人,保持一颗淡泊的心,就能抛开名利的束缚,让人性回归到本真的状态,从而获得心灵上的纯净和自由,同时在平和中收获成功。

对朋友要重情重义

> 结交朋友本身就是人生中有趣且风雅的事，如果把它当作谋取财利的手段，那么就很可能偷鸡不成蚀把米。真正的情义是不以财利为衡量依据的，这样的朋友之情才是真正难能可贵的。

中国人自古讲求"情义",那些唯利是图的奸佞小人为天下人所不容,遭人唾弃、留下骂名;而那些崇尚情义的人们则备受人们的崇敬,凡是他们经过之处必留下人们的称赞和敬仰之声。

但在现实社会,我们却不得不承认,有很多人太过看重金钱名利,认为生活中的一切都得围着利益转,"有吃有喝就是兄弟"、"有柴有米才是夫妻"……待到这些有形的东西消失了,往日的情分也就消失殆尽了。可以说,这些人正是背信弃义、忘恩负义的典范。

可是,我们并不能因为这些而怀疑世间没有真情在,没有厚道的、讲情义的人。

任何人都清楚,身处于光怪陆离的社会,到处充满诱惑,能够遇到真正对自己好的朋友,结交到可以同生死、共患难的兄弟着实不是件易事。正因如此,情义才显得尤为重要。一个在充斥着利益的社会环境中生活的人,当朋友遭遇变故时还能够坚持内心的原则,"义"字当先,为朋友两肋插刀,可称得上是患难之交。只有这样的人才是真正重情重义之人,才是可以赢得长久的情义和他人的信赖、尊重之友。

春秋时期的燕国，有两位德高望重的有才之士，一个叫羊角哀，另一个叫佐伯桃，二人是挚友。当时，诸侯为了争夺土地，频繁地发动战争，使百姓受尽了疾苦。羊角哀和佐伯桃为了百姓能安居乐业，商议之后，决定一同前往楚国，投奔楚庄王。

天有不测风云，他们在前去楚国的路上遭遇了暴风雪，被困在茫茫草原之中。佐伯桃在寒冷和饥饿的折磨下病倒了，羊角哀没有嫌弃他拖后腿，而是坚持扶着他走，并称他们是兄弟，要死也要死一起。两天后，羊角哀精疲力竭，终于把佐伯桃搀扶到一棵粗大的空心树下暂避风雪。

大雪仍在不停地下着，此刻的佐伯桃俨然已经生命垂危，他用微弱的气息对羊角哀说："兄弟，这里荒原千里，又不知道雪何时才能停，与其我们两个人在这里因冻饿而死，不如让一个活下来，你别管我了，上路吧！"羊角哀却坚决地说："我不会丢下你，就算是背着你，我也要把你背到楚国。"

此时，雪花还在狂舞，而佐伯桃已气若游丝，他挣扎着用仅有的一点儿力气对羊角哀说："这样下去，我们有可能都得冻死。兄弟，你还是自己先走吧，别管我了。"

可是，羊角哀却摇摇头说："我不会把你扔下不管的，我就是背，也要把你背到楚国去。"佐伯桃非常感动地说："你这份心意我领了，可是你要知道，救黎民百姓于水火是我们俩的共同理想，这个理想不管是咱俩一起去实现，还是由一个人去实现，意义都是一样的，你说呢？"

羊角哀当然懂得这个道理，但他不想让朋友死，他缓缓地说道："我当然知道，伯桃，这样吧，你拿着所有剩下的粮食去楚国吧。"佐伯桃却连连摇手，他非要让羊角哀去楚国。经过一番争论，最终羊角哀答应了佐伯桃。

通过这一番"较量"，羊角哀很清楚，是佐伯桃把生的希望留给了自己。自己把仅有的粮食拿走，活下命来，就冒着被指责缺乏道义的风险去做事。但是为了自己和好友共同的理想，即使被人骂也认了。

羊角哀带着所剩的粮食，一步一回头地离开了。到了楚国，见到楚王后，他赶忙带着人回到荒原，可佐伯桃已冻死在树洞里了，羊角哀安葬了佐伯桃的尸体，然后挥泪告别。

这件事传到了楚王的耳朵里，他精心安置了佐伯桃的妻儿。后来，羊角哀果然不负佐伯桃之希望，干出了一番事业。

此后，每年到了佐伯桃的祭日那天，羊角哀都会朝着他的坟墓所在的方向深深地跪拜，心里也默默地祷告："伯桃，安歇吧，我一定要实现咱们俩共同的理想！"

这个体现了生死考验的故事着实让人感动。这种能在遇难之际甘愿把生的希望留给对方的朋友实在是有情有义之人，也是一辈子都会让对方深深记住的朋友。

当然，身处现实生活中的我们未必需要用生和死来验证朋友的分量，但朋友间的情义却永远不能丢。

实际上，结交朋友本身就是人生中有趣且风雅的事，如果把它当做谋取财利的手段，那么就很可能偷鸡不成蚀把米。因为财利也好，权势也罢，它们都不是永恒的，更不是人力所能够控制得了的，所以，假如以此为筹码，那么人与人之间的亲疏关系也就不会长久。真正的情义是不以财利为衡量依据的，这样的朋友之情才是真正难能可贵的。

得意时要学会自省

厚道经

得意的时候，注注是我们疏于防范的时候，这时候，我们最容易失去理智，最需要自省。厚道的人会从光环和掌声中退下来，继而审视自己取得成功的历程，然后再以此为新的起点，勇敢前进。

常言道："风水轮流转。"言外之意，就是指人生有得意也有失意，有顺风顺水的时候，也有"犯太岁"的时候。出于人的趋利避害的本能，我们当然都希望自己多一些顺利和得意，而少一些颓败和失意，那么，怎么才能实现这一点呢？

综观古今中外，众多成功人士在介绍与总结经验的时候，总会提到自我反省的能力。也就是说，是自省让他们不断地走向了成功。一位教育界的专家也曾说过："一个人之所以能够不断向前，和他自我反省的能力有很大关系，因为只有找到自己的缺点或做得不够完善的地方，才能不断改正，以追求完美的态度去做事，从而取得成功。"

无独有偶，我国古代的曾子也不止一次地提到自我反省，他说："我每天都会多次自我反省：为别人做事是否尽心竭力了？在与朋友的交往中，是否做到了诚实？对于老师传授的功课是不是复习了？"有一次，曾子对他的学生子襄解释什么是勇敢的时候直接引用了孔子的话，他说："我曾听孔子说过什么才是最大的勇敢：自我反省，正义不在自己这边，即使对方是普通人,我也不去恐吓他;自我反省,假如正义在自己这边,即使对方有千军万马,我也勇往直前。"

可以说,一个真正厚道的、智慧的人是不会得意而忘形的,而是能够时时反省自己。否则,到达成功的顶点就飘飘然,不知道自己姓甚名谁,那可就真的悬了。

我国明代有个叫沈万三的"全国首富"。据说,他当时有上万顷田产,还开了无法计数的店铺。用一句话来概括,沈万三太有钱了,简直富得流油。

朱元璋在南京定都后打算重修都城,可由于连年战乱,使得国库亏空,只好向富人们借钱。沈万三财大气粗,主动承担了一半的财务开销。虽说作为商人的沈万三此举有自己的道理,他以为自己这么做算是帮皇上一个大忙,以后有皇上这个大靠山,自己的日子就更好过了。

想到这儿,沈万三的得意之情溢于言表,他还特意与皇上的工程同一天开工,并且先于皇帝完工。

不仅如此,沈万三在修筑帝都3年后深觉"不过瘾",于是又申请由自己"掏腰包"犒赏三军,结果他拿出近百万辆纹银犒赏给全国军队中的每一个兵士。

沈万三认为他这样做会使皇帝会更开心,可让他没想到的是,朱元璋本来出身贫苦,再加上心胸狭窄,终于由妒而恨,他心想,你区区一个匹夫,不但修都城早于我完工,还居然随意犒赏我的军队,天理不容。

这下,沈万三可就遭殃了。从那时起,朱元璋下令向沈万三征收重税,相当于亩产的一半多。最后,沈万三被落得发配云南的下场,再也未能回到江南故土。

显然,沈万三只顾彰显自己的财富,而忘了得意之时要自省。如果他能做到自省,就会适当地收敛,不致和皇帝去抢功劳,也就不会落到后来的凄惨下场了。

或许有人认为朱元璋太小心眼了，人家帮他办事，他还这样对待人家。

这只能说是事情的一个方面。我们还要了解到更深的层面，那就是当主子的不希望臣子的功劳盖过自己。说白了，军队就是为皇帝效力的，而沈万三仗着自己是个大财主就花钱犒赏。这么盛气凌人的做派，谁能看得惯？

因此，这种得意之时不懂得自省、只一味高调做人做事的人，终会迷失方向、乱了阵脚，得不到好的结果。而厚道的人能正视自己、正视问题，理性地看待得与失，当问题出现的时候才能稳如泰山。

和当年的沈万三这个全国首富相比，现如今，比尔·盖茨这位连续十多年的世界首富又是怎样做的呢？他会不会也像沈万三那样出手阔绰、一掷千金呢？结果又是怎样的呢？

事实上，比尔·盖茨不仅为人类社会作出了杰出的贡献，而且给财富和财富的拥有者也做出了新的定义。

比尔·盖茨出生于美国西海岸的西雅图的一个上层家庭，他是一名出色的学生，在高中时就曾断言自己会在 25 岁时成为亿万富翁。

果不其然，盖茨实现了当初的梦想，他成了人类历史上第一个靠电脑软件积累亿万财富的人，也是有史以来最年轻的世界首富。1996 年，他的财产是 160 亿美元。

可就是这样一个有钱的人，他在生活中却和普通人没什么两样。他平时用餐的时候，除了工作需要之外，一般都去普通的餐厅，很多时候就去肯德基或者咖啡馆，购买东西也常常去一些较有特色的小店。外出的时候，他经常会租一辆普通的汽车，而不是坐豪华气派的名车。出差需要坐飞机，他也几乎都是坐经济舱。

盖茨这种朴素的做派深深感染了微软的员工，也深得员工们和更多人的钦佩和敬爱。

实际上,像盖茨这种世界首富的朴素低调的生活,展现给我们的并不是其吝啬或小气,而是源于其内心的一种厚道本质。反过来,其厚道的精神品质对其价值观和工作作风又会起到积极的影响作用,同时也培养了其员工们的创业精神和艰苦奋斗的激情。这种得意时不忘自省、不忘前进的风格怎能不让人敬佩?又怎能不获得更多更大的成功呢?

古人云:"达则兼济天下,穷则独善其身。"不管你处在什么位置、正在做什么事,你都应该知道自己的长远目标在哪里。如果你被一时成功的喜悦弄得飘飘然,那么你离走下坡路也就为时不远了。

所以说,得意忘形不如自省。当你时时刻刻做到认真思考,知道自己接下来要怎么走,那你就能把握住自己的方向,而不致被外在因素所左右。这样,你才会一直坚持奋斗,从而走向成功。

感恩一切,感谢所有

厚道经

你要始终记得生命中的那些拥有和他人对你的给予,以一颗感恩的心去对待,你的生活才能因为感恩而美好。

传说,在古希腊有一架神奇的天平可以称出人心的重量,重量轻的人就可以上天堂。

怎么理解呢?其意思是说,人类各种复杂的情感和生活中的各种牵绊,每增加一种就会加重一些人心的重量。

不过,有一种情感例外,它不但不会加重人心的重量,反而会减轻,可以让人心长出翅膀,在天堂里飞翔,这种情感就是感恩。

　　说起感恩,或许更多的人认为这是老生常谈,可它确实是一种珍贵的心态,需要我们每个人都具备。如果懂得了感恩,我们就能发现生活更多的美好,从艰难困苦中看到希望、找到慰藉,甚至得到意外的回报。

　　有一座小城因为战争和天灾正在闹饥荒,很多穷人家的孩子都因为饥饿而外出流窜寻找食物。

　　一个心地善良、家境比较殷实的面包师出于同情,便做了一篮子的面包免费给那些挨饿的孩子们吃,并对他们说道:"这些面包,你们每人可以拿一个,在上帝降福之前,你们每天都可以来我这里领一个面包。"孩子们看见有免费的、香喷喷的面包可吃,便蜂拥而上,争先恐后地去争抢最大的面包。不一会儿,篮子里的面包便几乎被抢空,只剩下一个小小的面包可怜地躺在篮子里。

　　孩子们拿着面包纷纷散去,没有一个人对面包师说声谢谢。这时,一个小女孩走过来拿起了这个小面包,并亲吻了面包师的手,表示深深的感谢之后才拿着面包离开。此时面包师才注意到,刚才孩子们在疯抢的时候,这个小女孩并没有和他们一起去抢,而是谦让地站在一旁,等大家都挑完之后,她才上前去拿走最小的那个面包,而且她是唯一一个向面包师表示感谢的孩子。第二天,面包师依旧做了一篮子的面包放到孩子们面前,孩子们也和昨天一样疯抢一阵之后,一句感谢的话也没说便散开了。

　　那个谦让的小女孩也依旧是最后一个去拿,可怜的小女孩拿到的面包比昨天的还小,尽管如此,她还是非常感激面包师的给予。小女孩把面包拿回了家,她的妈妈把面包切开,发现面包里竟然有几枚闪闪的银币,妈妈立马对小女孩说:"玛丽,立即把这些银币送还给面包师,这肯定是他做面包时不小心掉进去的。"小女孩听从了妈妈的吩咐,立即拿起那些银币来到了面包店。面包师没有把那些银币拿回,而是微笑着对小女孩说:"哦,亲爱的玛丽,这些银币不是我不小心掉进去的,而是我给你的奖励,因为你有一颗感恩的心。把这些钱拿回去吧,它们已经属于你了。"

这个故事很让人感动,从中我们可以看出,正是小女孩懂得感恩,使她最后得到了比其他孩子还要多的给予。可见,如果你拥有一颗感恩的心,生活也许就会给你带来意想不到的惊喜。

那首"感恩的心,感谢命运……"的歌声经常在我们的耳畔响起,但很多人还是忘记了感恩,而更多的则是流露出抱怨、愤怒和沮丧等情绪。

如果你也是这样,不妨看看英国作家萨克雷说的这句话:"生活就是一面镜子,你笑,它也笑;你哭,它也哭。"

不难理解,如果你对生活总是抱着消极负面的心态,那么生活呈现在你面前也是一片黯然。但如果你能够抱着一颗感恩的心来对待,那么生活就会还你一片美好和灿烂。

著名数学大师霍金几乎全身瘫痪,非常不幸。因为疾病,他被永久固定在轮椅上,全身上下唯一能动的就只有3根手指。唯一幸运的是他的大脑还能思考,且智商不低。一名记者曾经这样问他:"霍金先生,卢伽雷病已经把你永久固定在了轮椅上,你不认为命运对你太不公平,让你失去了很多出路吗?"

霍金艰难地露出微笑,用他那唯一会动的3根手指在键盘上艰难地敲出了这样一段文字:

"我的手指还能活动,我的大脑还能思考,我有终身追求的理想,我有爱我和我爱着的亲人与朋友,对了,我还有一颗感恩的心。"

看完这段话,我们应该可以理解为什么霍金面对自己糟糕的身体还能面露微笑,还能以无比坚强的意志为科学事业做出伟大的成就和贡献了,原因就在于他有一颗感恩的心。命运虽然让他失去了健康的身体,但是他仍然感谢自己还有 3 根手指会动,有大脑可以思考,有亲人和朋友帮助他,为他制做了这辆特殊的轮椅,为他的研究提供经济支持。

毫无疑问,是感恩为他的坚毅提供了力量。

对照我们自身,我们应该懂得,不管命运给了我们什么样的安排,给了我们什么样的生活,只要我们还活在这个世界,哪怕一无所有,我们至少可以呼吸到早晨清新的空气。所以,我们要始终记得生命中那些拥有和别人对我们的给予,以一颗感恩的心去对待,生活才能更加美好,生命的旅程才会更加绚丽。

挥洒自己的个性,不附庸流俗

厚道经

    人活着就要挥洒出自我的个性,按自己的特点包装自己,照自己的爱好展示自己,依自己的方式确定自己的人生目标,绝不随波逐流,绝不被所谓的"潮流"牵着鼻子走。

哲学告诉我们:世上没有两个彼此完全相同的事物。人是大自然的造化之一,自然也不例外。

这也就是说,我们每个人都是有别于他人的。更进一步讲,我们活着就要挥洒出自我的个性来,按自己的爱好展示自己,依自己的方式确定自己的人生目标,不随波逐流。只有展现出不同的自己,彰显出独立的人格,我们才能受到更多人的尊重,赢得更多人的欢迎。

事实虽是如此,但回归到现实生活,很多情况下却并非如此,因为更多的时候,我们都是先看别人怎么做,自己也跟着怎么做。从心理学上讲,这是一种人的自我意识弱化的表现。这样的人缺乏人格独立性,意志力也较为薄弱。如果一个人总是不加分析地盲从他人,那么从严格意义上讲,他就不是一个健康的人。

有的人觉得"随大流"才能不犯错,但实际上却并非如此。

美国耶鲁大学心理学家米尔格伦做过这样一个实验:米尔格伦让被试验者充当老师的角色,让自己的助手充当学生。如果"学生"犯错,他便命令"老师"去电击"学生",每犯一次错就电击一次,而且电压会随着错误的累积而逐渐增强。

电击每发出一丝声响,大家都能听到"学生"痛苦的喊叫声。学生的叫声越来越惨烈,直到最后无法承受被电晕才停止。

"老师"们感到非常不安,不忍心再去电击"学生",纷纷向米尔格伦提出抗议,但米尔格伦并没有理会他们的抗议,而是要求他们继续电击。结果,大多数"老师"选择了继续服从。

由此,米尔格伦得出结论:如果一种行为是由权威规定的,那么人们在做出这种行为的时候就会想当然地认为自己可以不用对此行为负责,也正因为不用负责,所以人们选择了服从权威。不管这个权威是正确还是错误,只要服从就可以心安理得。

事实上,我们每个人都有着自己的理想、信念、价值观和道德观等,这些观念和思想虽然有时会与别人的不一样或相矛盾,但这并不代表我们就需要去改变。当我们的这些观念和思想是正确的时候,就要坚定地坚持下去,这样才不致从众,没了自己的主见。

在一个午夜一个护士独自一人值班,突然有个病人病情发作,情况非常危险和紧急,于是她立即打电话向医生求救,医生吩咐她立即给病人注射30毫升的某药品，否则病人可能会有生命危险。

当这名护士跑到药房取药时，发现药品标签上清楚地写着正常用量是20毫升，过多可能会危及病人生命。根据她以往的经验，她也知道这种药是慎用药，从没给病人注射过30毫升的量。

她拿不定注意到底该注射多少，便再次打电话向医生确认，可是此时不知何因联系不上。她一时不知道该如何是好，是该听从医生的吩咐给病人注射30毫升？还是根据自己以往的经验注射20毫升？注射对了就挽救了一条生命，注射不对就有可能害死一条生命，不注射也有可能会背上见死不救的骂名和负罪感。

如果你是这名护士，你会怎么做呢？

很多人的回答都是听从医生的吩咐，理由是毕竟医生比护士有经验、有权威，而且如果真出了事故，那责任也在医生，自己只不过是他的命令执行者而已，不需要承担什么责任。

这只是个假设性问题，不必一定给出答案。但我们应该发现，类似这种矛盾的、难以选择的问题，在我们生活中很常见，我们也常常被其困扰。我们最终的选择也通常是跟随大众，哪边人多就往哪边倒。

但我们要知道，并不是所有的权威和大众的趋势都是正确的，如果我们对它产生怀疑后还是盲目地选择服从，那么就会逐渐迷失和麻木自己。所以，我们要时常理智地听一听自己的内心，一旦发现不对劲儿，就要勇敢地站出来进行独立的思考和判断，才能避免被那些错误的信息所误导，活出真正的自己。

把别人当作自己的镜子

厚道经

当需要判断一个事物的好坏与优劣，我们通常都会找一个标准或参照物，通过参照物的反射来做出判断。有了参照物，我们还可以从对方身上看到自己的不足和错误之处，让自己免于走错或走弯。

春秋时期的名著《墨子·非攻》中曾写道："君子不镜于水而镜于人。镜于水，见面之容；镜于人，则知吉于凶。"唐朝的皇帝唐太宗说道："人以铜为镜，可以正衣冠；以古为镜，可以见兴替；以人为镜，可以知得失。"其实说的都是同一个道理，即以别人为镜，就可以从别人的身上得知自己的得失并加以改正。

下面有这样一个故事。

圣诞节前夕，罗琳娜的姐姐买了一辆价值不菲的轿车送给她，算是圣诞节礼物。罗琳娜的姐姐非常富有，用车作为礼物对她来说不过是九牛一毛，根本不值一提，所以罗琳娜对此也接受得心安理得。

圣诞节前夜，罗琳娜走出自己的公寓，准备开着新车到妈妈那里和姐姐一起过圣诞节。走出房门，罗琳娜看到一个小男孩正在驻足看她的新车。看见罗琳娜走过来，小男孩问罗琳娜道："小姐，这是你的车吗？真漂亮！"

罗琳娜毫不在意地答道："哦，是的，是我姐姐送给我的圣诞节礼物。"

"你是说这辆车是你姐姐白送给你的？"小男孩吃惊地瞪大眼睛问道。

"哦，这没什么，反正她有的是钱。"

小男孩用羡慕的眼光盯着车，喃喃说道："我希望我将来也能……"

罗琳娜以为他接下来会说希望像她一样能有人送给他一辆车，可是小男孩却说："像你姐姐那样，有能力送给我妹妹一辆漂亮的汽车。"

罗琳娜吃了一惊，对这个不同寻常的小男孩产生了兴趣，便邀请他上车兜一圈。小男孩接受了邀请，还请求罗琳娜把车开到他家门前一下。罗琳娜笑了笑，以为小男孩这样做只是想在邻居小孩面前炫耀一番他是坐名车回的家。

可是事实并非如此，车在小男孩家门前停稳后，小男孩便飞奔回家，不一会儿便背着他那个腿有残疾的妹妹出来，指着罗琳娜的车高兴地对妹妹说："艾米尔，等我将来长大了，也给你买一辆这样的车，这样你就可以坐在车里去任何地方了。"

艾米尔感动得眼里含满了泪花，一边用手轻轻抚摸着罗琳娜的车子，一边和哥哥讨论起将来要怎么装饰自己的车子。

罗琳娜看着小男孩和妹妹真诚的笑容，原本麻木的心被感动了。从这对兄妹身上，她仿佛看到了自己和姐姐的影子。曾经她的姐姐也对她说过，将来也会送她一份很棒的礼物，如今姐姐实现了自己的诺言，可是作为妹妹的她却误解了姐姐的心意，以为这是姐姐对自己窘迫境况的嘲讽。因为罗琳娜的生活一直很不如意，以致变得非常敏感，和姐姐之间的关系也因此越来越糟糕，彼此之间一直僵持了好几年。

在回家的路上，罗琳娜到商店里为姐姐精心挑选了一份礼物。回到父母家见到姐姐，罗琳娜给了姐姐一个紧紧的拥抱，非常真诚地感谢姐姐送给她的汽车，并把准备好的礼物给了姐姐。虽然这份礼物不值几个钱，但是很多年来罗琳娜第一次送礼物给姐姐，姐姐激动地流下了眼泪，因为她知道这里面充满了浓浓的姐妹亲情。

罗琳娜从心底里非常感激那个小男孩,因为小男孩就像一面镜子,让她重新看到了亲情的珍贵和温暖,让她重拾了快乐。

要判断一个事物的好坏优劣,我们通常都会找一个标准或参照物,通过参照物的反射来做出判断。不仅如此,有了参照物,我们还可以从对方身上看到自己的不足和错误之处,让自己免于走错或走弯,这是我们在生活中获取成功的关键一步。

励志大师卡耐基说:"愚者才会仅仅从自己的经验中获取教训和智慧,智者则懂得学习并活用别人的经验。"也就是说,以人为镜,你就可以从别人身上汲取到有助于自身发展的经验教训,如此一来,成功的概率就会更大。

很多人总是会自我陶醉于自己的长处,对自身的缺点却视而不见甚至是逃避;对别人则总是非常挑剔,只看得到别人的短处和不足。如果有人批评指责自己,不但不去认真反省自己的缺点和失误,反而还气急败坏地怨恨对方甚至打击报复。

一个善于从别人的批评中吸取营养的人是真正聪明之人,因为他们深知以人为镜的道理。一个人的认知和自省能力是有限的,不可能仅凭自己就能做到时刻自省,也不可能看到自己全部的不足。俗话说:"不识庐山真面目,只缘身在此山中。"那些你所看不见、想不到的地方,别人也许就能看得清清楚楚。通过他们,你就可以弥补自己的这一局限,从而实现自我的进一步完善。

与众人合作，借助"伯乐"之力获取成功

厚道经

现如今，合作共赢已成为所有人的共识，也成为竞争主体的主流关系。只有抱着共赢的心态，才能获取自身期望的利益。

随着时代的进步，现代社会的职业分工已经越来越细微。在这种状况下，如果你不善于同他人合作，仅凭借自己的力量是很难实圆满完成工作和实现职业理想的。所以，在现今的职场上，人们都倡导要善于与人合作，坚持共赢原则，这样才能让自己平步青云。

当然，仅仅这样还不够，如果能借助"伯乐"之力，就会更加自如地行走于人生之路。

4年前，刚刚大学毕业的宋岩由一个学长引荐进了一家本土4A广告公司，宋岩把这位学长看成是自己的第一位职场"伯乐"。在学长的耐心帮助下，宋岩很快就上手了，成为公司最优秀的新人。

因为学长刚刚贷款买了一套房子，而目前，公司给予他的薪水除了让他能够维持生活所需之外，还要还房贷，对于学长来说有些难度，于是他离开了公司，这时候，宋岩突然感到无依无靠，天天期待公司招聘新的策划指导。然而，这个时候，公司策划总监突然作出了一个让宋岩意外的决定，由宋岩担任公司策划指导，公司再招一位新人。

回过头来看，策划总监给宋岩的这次机会是多么的难能可贵，这至少

让宋岩在职场上早成熟了两年。

2010 年,由于公司拓展规模,成立了一家分公司,由于公司领导认为宋岩有股闯劲,适合更高的平台给她锻炼的机会。因此,她被调到了分公司担任项目经理。通过一年"伯乐"的历练,不管在项目管理还是专业策划上,宋岩都得到了全面的提升,已经完全可以胜任广告公司策划总监或项目总监的工作了。

几年下来,宋岩深感自己的幸运,她认为自己在职场上能取得如此优异成绩,除了自己的踏实肯干,更离不开几位"伯乐"的热心帮助,因此,她从心底里感激这几位职场"伯乐"。

在中学时代的一篇古文里有这样一句话:"千里马常有,而伯乐不常有。"针对这一不争的事实,我们一定要懂得"发掘伯乐"、合理"使用伯乐"的道理。

一位研究心理学的美国教授曾做过一个研究,他采访了 2000 位百万富翁,结果发现,这些百万富翁的共同特点是拥有庞大的人际关系网,他们可以辨别出所认识的人中对自己有利的人, 或是在将来能够提拔自己的人。当遇到在将来有可能提拔自己的人面前,他们就会尽力表现自己的才华,使这些"伯乐"一下子记住自己。

从这项研究中我们不难发现,在一个人的成长路上,能否找到自己的"伯乐",将会有天壤之别。

当然,光有"伯乐"的扶持还远远不够、要想让自己在社会上混得好、吃得开,还必须学会与人合作。

关于这一点,我们先来看一则寓言故事。

两个快被饿晕的穷人遇到一位善良的老人, 老人给了他们每人一根鱼竿和一篓鱼。两个穷人拿到各自的东西后就分道扬镳了。得到渔竿的那个人忍受着饥饿向海边走去,走了漫长的路之后,他终于到达了海边,但是他的力气也被耗完了，握着鱼竿离开了人世。另一个得到一篓鱼的穷人非常高兴，他迫不及待地找来木棍，点着了火烤起鱼来。烤熟后，他就痛痛快快地吃起来。可是两天过后，他把所有的鱼都吃完了，再一次面临没有食物吃的困境，这个人最后只得抱着空空的鱼篓奔向了"天堂"。

此后，又有两个饥饿的穷人得到了这位老人的馈赠，但他们没有像之前的那两个人那样立即分开，而是坐下来商议了一番，最后决定两个人结伴而行，一起去寻找大海。在路上，他们每天分享一条鱼，互相搀扶着行走，等他们将最后一条鱼吃完的时候，大海已经在他们眼前了。此后，他们结伴而行，一起以捕鱼为生，最后两个人都娶妻生子，过上了幸福的生活。

从这则故事中不难看出，一个人的智慧和能力是有限的，只有团结协作，才能渡过难关、成就自己。在职场同样如此，一个不会团结他人、喜欢做"独行侠"的人，就算再聪明，终有一天会被困难所击败，而拥有大智慧的员工总是会集合同事、领导的力量，然后借助他们的力量走向成功。

戴尔·卡耐基说："一个人的成功，15%取决于个人技能，而85%取决于人际关系。两者的关系就像机遇与才华的关系，假如没有机遇，即便有再高的才华也无从施展，就像一粒饱满的种子落到沙漠里永远不会发芽。但是假如落到肥沃的土壤，就会很快生根发芽，长成参天大树。"

无论在什么样的企业，都需要每个员工拥有团队精神，因为只有这样才能团结合作，用最大的力量达成既定的目标。"独行侠"式的员工，虽然其往往能力突出，但由于不善于合作，在职场中也总是寸步难行。

团队合作是一家公司获取成功的保障，也是个人获取成功的前提，即使你是一位天才，如果缺乏团队精神，也不会受到公司的重视。

有人说："要想一滴水永不干涸，唯一的办法就是将它放入大海。"你只有融入整个团队，才能充分发挥自己的能力，才能创造更大的价值。

不为生活而讨好他人

当我们主动讨好他人的时候,就很容易失去自己。
与其辛辛苦苦地讨好他人,还不如先"讨好"自己,依据
自己的内心去做人做事。

虽然很多时候我们要善于忍耐,为了自己生活的平静要学会和他人"说话"。但是,讨好和忍耐也是有限度的,如果一味地讨好他人、无原则地忍耐他人,那么最终的结果可能会与初衷相悖。

正确的做法是,凡事要按自己的行为准则和做人原则去把握,时刻不要忘了珍惜自己。那些在生活中太过讨他人的人往往会忽略了自己,同时也更容易被别人忽视。

不可否认,很多时候,我们为了拥有更融洽的人际关系,即使自己心中满是委屈,也不得不努力去讨好他人。我们会觉得这样做就可以达到自己想要的目的,可事实上却不尽然,很多时候不但没达到目的,反而搞得自己很不开心。

这是因为,当我们主动讨好他人的时候,就很容易失去自己。一旦我们花太多时间去迎合他人、取悦他人,那么潜藏在我们内心里的动机无非是借此获取更多的好处和保障。

可是回过头想想,即便因此而得到了自己想要的,却是以失去自我为代价,又有什么意义呢?

因此，当我们无论面对朋友还是同事，抑或陌生人的时候，在付出感情或心力之前，先在心里掂量一下：自己是心甘情愿去这样做？还是被强迫去做的？如果这样做了，日后自己会不会后悔？当想明白之后再决定到底要不要做。只有真正发自内心，别人也才能受之无愧。所以说，一味地讨好他人不一定是一件好事，有时候过多地讨好他人只会让我们承受不必要的委屈和痛苦。

珊珊小的时候，她的父母在外地做生意，她一直跟着爷爷奶奶生活。

虽然珊珊很聪明，但由于生活圈子过于狭窄，使她缺少玩耍的伙伴，因此她也不太懂得与人交往。

高中毕业那年，珊珊很顺利地进入了自己梦想的一所名牌大学。想到自己要与这么多陌生的人接触，她不禁有点儿担忧。进到学校所在的城市，特别是进入班级和宿舍后，珊珊感觉懵懵懂懂，不知道该怎么和人说话，特别是发现其他同学很快就彼此熟识了，而自己却被孤立在群体之外。

为了摆脱这种失落感，珊珊开始不自觉地讨好他人，希望他人也能很快接受她。

比如，她会刻意地要求自己对凡是遇到认识的或者不认识的同学打招呼，如果没被别人注意到，或者发现别人一点儿也不热情，她就感到很伤自尊。

珊珊为了表现自己的“好”，不允许自己不喜欢别人。一旦发现自己不怎么喜欢某个同学，她就挖空心思想人家的好处，非得让自己喜欢上对方不可。珊珊自欺欺人地认为，只要她喜欢对方、热情地和对方接触，那么对方也一定会喜欢自己。有时候发现别人有什么事情，珊珊都尽可能地帮忙，也不管自己是不是有需要马上去做的事。

就这样，珊珊对周围的一切都很敏感，总是觉得整天都处于紧张状态之中,学习时也很难静下心来,甚至觉得生活也没什么意思。

故事中的姗姗虽然是个善良的女孩,但她这种讨好人的做法显然有些过头,以致失去了自己的生活,实在得不偿失。她不知道,生而为人,首先应该为自己活着,才谈得上与别人相融合,只有将自己的重心从"别人"那里转移到自己身上来,才是正常的生活状态。

其实,姗姗只要能够找回真实的自我,清醒地面对自我,然后发现自己在和他人交往中的缺失并及时修正和弥补,那么她慢慢地自然会融入到集体中。所以,与其辛辛苦苦地讨好他人,还不如先"讨好"自己,依据自己的内心去做人做事。只有这样,你才会拥有一个开朗、洒脱、自信、乐观的心境,才能够拥有和谐、融洽的生活氛围。

第 **10** 章

甘于付出，多做一点儿会赢得更多

"只要人人都献出一点爱，世界将变成美好的人间。"
其旨在告诫我们要多奉献自己的爱心，多帮助别人，这样
我们的世界就会更加美好。其实，在帮助别人的同时，我
们还会拓展自己的生存和发展空间，扩大自己的人脉，并
最终收获让自己惊喜的回馈，就像"赠人玫瑰，手有余香"
的道理一样。

多做一些不吃亏

厚道经

只有多比别人做一点，我们才能获得更多成功的机会，而这也正符合"付出多少就得到多少"的因果法则。

大千世界，每个人都期待生活精彩、工作成功、出人头地。可是，在现实环境中，竞争如此激烈，我们又凭什么获取成功呢？

看看我们周围，是不是有很多人会花费大量的时间和精力去寻求成功的捷径，却不肯多花点儿时间和精力"多做一些"？原因很简单，就是这些人不想吃亏，不懂得凡是付出必有收获才是其追求的真理。

殊不知，往往能够有所成就的人，其成功就在于比别人多做一些。这是因为，多做一些就会多收获一些。所以，你要想比别人优秀，要想离成功越来越近，就要抱着不怕吃亏的心态，坚持比别人多做一些。

段洪波是个20岁出头的小伙子，其貌不扬，还戴着厚厚的近视眼睛。去年春节刚过，他就从陕西老家来到北京，进了一家快递公司做快递员。让人们大惑不解的是，段洪波和其他快递员很不同，他不像别人那样穿一身休闲装，而是穿着西装，戴着领带，脚上穿着一双总是擦得很亮的皮鞋。

见到他的人都说，这个傻小子穿皮鞋送快件，也不怕累。

但是段洪波却不管他人的议论，他依旧穿得"规规矩矩"的，即使夏天也会穿着白衬衫、系着领带去送快递。

对于每一份快件，段洪波都非常认真地对待，签收的时候，他会先确认签收人的身份，然后等着对方打开，看物品是否有误，然后再走。就因为每次他在这些事情上耽误了时间，所以送的快件会比同事们少一些，自然赚的钱也少一些。

不过，因为段洪波热情的服务，而且总是西装革履，让人们记住了他，一旦有快件，就会不自觉地想到他。

今年"五一"放假前一天，段洪波甚至腼腆地提着一袋草莓敲响了一家公司的门："我的第一份业务是在这里拿到的，为了感谢大家对我工作的照顾，所以给大家送点儿水果，祝你们劳动节快乐。"

这袋草莓是在街边小摊上买的，个头都不是很大，但没有人说一句挑剔的话，反而都有些不好意思，工作那么多年，谁也没有收到过这种礼物。而段洪波只是一个吃辛苦饭的快递员，大家只是无意地让他接了几次活，实在谈不上谁照顾谁。过了一会儿，有人说道，这小子笨得还挺有人情味儿的。

也许是因为他的草莓，他的人情味，以后再有快递信件和物品，这家公司整个办公室的人都会打电话找他，还顺带着把他推荐给了其他公司。

于是，段洪波更忙碌了，每天马不停蹄地送快递，但是，即使是在很热的天气里，他也要穿着衬衣，大多是白色的，领口扣得很整齐，始终穿皮鞋，从来都不随意。一次有人跟他开玩笑说："你老穿得这么规矩，一点儿不像送快递的，倒像卖保险的。"

他认真地回答："卖保险的都穿得那么体面，送快递的怎么就不能？刚培训时，领导就说，去见客户一定要衣衫整洁，这是对对方最起码的尊重，也是对我们职业的尊重。"

就这样，段洪波在快递岗位上一干就是两年。这么简单的快递工作，他做得比别人都辛苦，可这样辛苦地工作，最后能得到什么呢？大家都不乐观，他却做得越来越信心百倍，没有丝毫抱怨。

直到有一天，那些老客户看到来拿快件的换了一个更年轻的男孩，打听后才知道，段洪波已经成为主管了。

段洪波是如何把一份普通的快递工作做出价值来的呢？他只是比大多数快递员多用心一点点，多努力一点点，想法多一点点，而正是每天多做这多一点点，使他能超前别人一大步，使他获得比别人更丰厚的回报。

故事中段洪波的表现着实让人敬佩。然而，他的付出没有白费，最终为他换来的是丰厚的回报。

其实，每个人要想在一个群体中站稳脚跟，都要做到多比别人做一点，如此才能获得更多成功的机会，而这也正符合"付出多少就得到多少"的因果法则。当然，很多时候，你的投入并不能立竿见影地换来相应的回报，但你不必气馁，只要能一如既往地坚持多做一些，就像下面案例中的主人公大卫一样，说不定就能完成人生的三级跳，摘得成功的桂冠。

大卫刚进入这家公司时，只是个普通的职员，但不到 5 年的时间，他已经成为郑老板的左膀右臂，担任着分公司的执行总裁。

当说到自己的成功之道时，大卫会平静地说："到这家公司之后，我发现每天下班后，所有人都离开了办公室，而郑总仍然待在办公室里继续工作，于是我就决定下班后也不马上走，而是继续工作。尽管没有人要求我这样做，但我觉得我应该留下来，万一郑总有什么需要，我可以为他提供一些帮助。我注意到，郑总加班时经常找文件、打印材料，后来慢慢地，他就发现我在等待他的召唤，再后来，他就干脆直接召唤我，让我去帮他做这些事……"

为什么郑总会养成召唤大卫的习惯呢？就是因为大卫每天会主动留下来多做一些事情，并时刻准备着为老总服务。

这样一来，大卫就获得了更多和老总接触并得到老总赏识的机会。再加上他的勤勉和努力，那么成为不可替代的重要职员也就不是什么难事了。想必大卫的升迁秘诀正是"多做一些"吧。

一个普通的职员能够在几年之内升到分公司执行总裁的位置，除了其较强的业务能力，更多的肯定是领导的信任，而这些正是"多做一些"的这种"吃亏"行为换来的。

不仅大卫如此，其实我们每个人都一样，多做一些实际上是增加我们个人附加价值的好机会，也是让我们迈向成功的坚实基础。

俗话说"付出总有回报"，无数卓越人士的成功案例不就是一个最好的说明吗？所以说，你要想成为人中翘楚、想要取得成功，不仅需要做好自己的本职工作，更要不怕吃亏，坚持比别人多做一些，如此一来，早晚会有意想不到的收获等着你。

生活的真谛就是付出、收获、享受

厚道经

> 付出、收获、享受，这些就是生活的真谛。生活中的付出与收获总是在让我们明白，付出不是吃亏，而是在为收获谱写着动听、美妙的华丽乐章。

曾经唱遍大江南北的那首《真心英雄》的歌曲至今依然令我们记忆犹新，其中有句歌词是这样的："不经历风雨，怎么见彩虹？"实际上，风雨的背后正是汗水的付出。换句话说，如果你愿意付出，你就会得到意想不到的收获。

不管是在工作中还是生活中，只有自己情愿付出，才能有所回报。比如友人之间相处，彼此越是心底无私、坦诚相待，就越能赢得更多、更深厚的友谊。正如一位哲人曾经说过的那样：如果你懂得付出，你才能拥有财富。获得某省青年科技奖的露露对生活也表达了类似的认识——生命就是付出、收获和享受的过程。

露露作为唯一的一位女性获奖者，能取得如此骄人的成绩着实不易。我们都知道，相对男性而言，女性要想取得成就，往往比男性要付出更多的心血、承受更多的压力。在这方面，露露就是一个典型。

露露为了更好地开展科研工作，组建了当地第一个研究生教学及教职工科研基地，由她担任副主任。

几年来，在她和同事们的共同努力下，该基地多次接受业内顶级专家学者的检查与评估，广泛受到好评。

不仅如此，露露还在自然基金课题、科技攻关课题等方面付出了大量心血。而这些课题都是围绕骨髓干细胞再生方面进行研究。目前，干细胞移植治疗已处于医学研究的前沿领域。

担此重任，露露感到压力虽大，但很幸福，因为她"希望自己在这方面能有所突破、有所创新"，为干细胞移植治疗作出自己的贡献。

像露露这样的女性或许还有很多，她们为了事业、为了工作，在各自的领域全身心地付出着，直到产生成果的那一刻，她们的心情才变得轻松，而面对收获果实的那一刻，也是她们最为享受的一刻。

不止是像露露这样的女性，现实生活中，包括你我在内的所有人其实都应该明白，你要想让自己的生活多姿多彩，让自己的生命发挥更大的价值，你就要不断地付出。你更要知道，付出不是吃亏，而是在为享受胜利的果实酝酿动听美妙的旋律。

当然，付出不仅仅体现在为了工作、为了事业而不懈奋斗，它在我们生活中的时时刻刻都会体现出来。比如,我们为一位老人让出公交车上的座位、为问路的人指引正确的方向、为一位陌生人撑开雨幕下的伞……

一个下雨天,一位老太太走到一家百货公司闲逛。大多数售货员都只是对老太太瞧一眼,然后做各自的事情,因为他们都看得出,老太太分明是躲雨才进来的,而不是购物。

但只有一个店员例外,他没有像别人那样目中无"人",而是主动上前和老太太打招呼,并很有礼貌地询问有什么需要自己做的。

老太太说自己不准备买东西,只是进来躲雨,可这位店员却温和地说:"没关系,那请您等雨停后再走吧。"

就这样,老太太和店员聊起天来。雨下了很长时间也没停,老太太说自己必须要离开了,只见这位店员拿出来一把伞,然后递给老太太,并告诉她什么时候路过这里再把伞送过来就行。

老太太很感动,她向这位店员要了一张名片,然后离开了。

几天之后,这位店员忽然被老板叫到了办公室,老板把那天他借给老太太的伞还给他,同时还给了他一封信。

这封信是那位躲雨的老太太写的,里面的内容大致是让这位店员前往苏格兰,代表该公司接下一所豪宅的装潢工作。原来,那位老太太不是别人,正是钢铁大王卡耐基的母亲。

显然,卡耐基的母亲是主动为这位帮助过她的店员"送钱"来的。装修钢铁大王的豪宅,交易额肯定不会少。试想,如果当初这位店员和其他人一样没有付出自己的热情,那么还会有现在的收获吗?

从这个角度讲,付出也体现了我们的一种品质、一种修养。当我们乐于为他人付出,那么最终可能会得到意想不到的回报。这就和农民耕作一样,播种、浇水、除草,这期间的每一步都需要心甘情愿地付出。因为只有努力地付出,才能有秋收时丰厚的回报。

真心帮助他人，不只是为自己活着

厚道经

俗话说得好："赠人玫瑰，手有余香。"我们的生活就好比一面镜子，你对它怎样，它就怎样回报你。换句话说，你只有真心地帮助他人，才能获得他人的帮助。

"只要人人都献出一点爱，世界将变成美好的人间。"这是传唱多年的《爱的奉献》中的一句歌词，其旨在告诫我们要多奉献自己的爱心、多帮助他人，这样，我们的世界就会更加美好。其实，在帮助他人的同时，我们还会拓展自己的生存和发展空间，扩大自己的人脉，并最终收获让自己惊喜回馈，就像"赠人玫瑰，手有余香"的道理一样。

在医院工作已经有5个月的护士安雅莉，自从参加工作以来就很少笑，主要原因是因为她被调到了烧伤科。烧伤科对女孩子来说简直就是人间地狱，那些被烧伤的病患一个个面目全非的样子，俨然就是从地狱跑出来的魔鬼，恐怖至极。每天面对那些恐怖恶心的烧伤皮肤，安雅莉连吃饭的胃口都没有了，更别提微笑了。所以，安雅莉每天一上班便心情郁闷，拉长着一副脸，以致大家都背地里叫她冷面护士。

可是，忽然有一天，大家发现安雅莉有些不同寻常，因为她脸上郁闷的神情不见了，嘴角挂着微微的笑意，就连走路也没了往日的颓靡，反而多了份轻快。大家纷纷猜想，难道她恋爱了？

原来，安雅莉的改变是因为某天早晨发生在公交车上的一件事。

那天早晨，安雅莉和往常一样准备搭乘公交赶去医院上班。公交车来了，安雅莉正要踏上车，走在他前面的一个男孩却停住不走了，尴尬地站在投币箱前使劲地翻自己的口袋和背包。后面的人陆陆续续都上了车，男孩还在尴尬地找钱。从他焦急的神态中看得出，大概是出门太着急，粗心大意忘带钱包了。

安雅莉就站在投币箱前，看见男孩焦急的样子，二话没说就从钱包掏出一个硬币给男孩。男孩犹豫了一下，万分感激地接过来投进了投币箱。"得救"的男孩不好意思地一再向安雅莉道谢，车里一个老太太也禁不住对安雅莉夸奖道："还是好人多啊，这姑娘心眼儿真好，小伙子可别错过了啊！"说完，一车子的人也都温和地笑了。安雅莉虽然嘴上一直谦虚地说没什么，可是心里却甜得跟蜜似的，这是她工作几个月来最开心的一天。

安雅莉这才发现，原来给予别人一点儿小小的帮助也可以收获这么大的快乐。来到医院，她开心的情绪还在延续，帮病人测量体温、送药、搀扶他们去上厕所，等等，这一切在她之前看来枯燥琐碎的工作在那天似乎都变得有意义起来，因为每帮助他们一次，安雅莉都会发现病人们对自己报以感激的微笑，病人们的微笑温暖着安雅莉的心灵，让安雅莉倍感欣慰和快乐。

从此之后，安雅莉改变了，她不再总是板着一张冰冷的面孔面对病人，而是报以真诚的微笑。在人们眼里，从前的冷面护士不见了，取而代之的是一个温柔可亲、美丽快乐的白衣天使。

可见，给予和付出有时候未必就是吃亏，相反，如果我们换个角度去看待，就能看到其中蕴含的价值和快乐。为什么会有乐于助人的美谈，就是因为帮助别人是一件会让我们拥有成就感和自豪感的事，这种成就感和自豪感会为我们创造快乐。

其实，我们的生活就像一面镜子，你对它怎样，它也会回报你什么。如果大家都不怕吃亏,有"我为人人,人人为我"的观念,那么我们的生活一定会非常幸福和美好。

《圣经》里讲过这样一个家喻户晓的故事:一个虔诚的基督徒因为生前做了很多善事,所以在他死后,上帝便派出天使把他带到天堂。这个基督徒一直好奇地狱是什么样子,于是要求天使在带他去天堂之前带他去看看地狱是什么样子。

天使答应了他的请求,便把他带到了地狱。来到地狱,只见地狱的餐桌上摆满了各种各样的山珍海味,看上去非常美味,这令基督徒非常惊讶,感叹道:"看来地狱的生活也不赖啊,难道那些生前做坏事的恶人到了地狱就是这种待遇,不会受到什么惩罚?"

天使没有回答,只是微笑着说:"上帝爱我们每一个人,他不会主动去惩罚任何一个人。那些受罚的人之所以受罚,都是因为他们自己的过错。"

基督徒非常不解。这时候,晚餐时间正好到了,只见一群如狼似虎的饿鬼争先恐后地坐到座位上,疯狂地抢桌子上的食物。他们各自都拿着一双很长的筷子,努力地用筷子试图把食物送到嘴里,可是由于筷子实在太长了,无论他们怎么努力都始终无法把食物送进嘴里。

天使指着那群饿鬼说道:"你看,他们虽然每个人都能得到食物,可是最后却什么也吃不到,你不觉得可惜吗?你再看看天堂是什么样吧。"

随后,天使把基督徒带到了天堂。天堂也和地狱一样摆满了丰盛的食物,夹取食物用的筷子也和地狱那些饿鬼用的一样长,不同的是,天堂的人们不是把食物往自己嘴里送,而是往别人嘴里送,这样一来,自己在喂别人的同时,别人也在喂自己,因此大家就都能吃到美味的食物。

天使这才说道:"这就是天堂和地狱的区别,你帮助别人,自己也能得到别人的帮助,就生活在快乐的天堂,但如果你不愿帮助别人,只顾自己,那么你就会生活在地狱里。"

的确,生活中,他人有需要我们给予帮助的时候,我们也有需要他人给予帮助的时候,只有大家互相帮助,我们的生活才能更加和谐美好。

所以,凡事不要怕吃亏,不要怕自己的利益受损,而要学会多替他人着想。如果我们人人都能做到互相帮助,那么我们的社会就会变得更加和谐,而最终我们自己的事业理想和生活的蓝图也会变成现实。

主动解决他人绕开的问题

厚道经

如果你想获得更多的机会,那么就去做一个善于发现问题并解决问题的人,包括他人不愿解决或望而却步解决不了的问题,这会助你走向更大的成功。

困难就像人的影子,在我们一生的成长轨迹中,总会遇到一些困难,出现一些问题,但是做人首先要做一个勇敢的人,无论在生活中还是职场中,都要去做一个"勇者不惧"的人,要学会在困难面前前行,而不是逃避。

每一个人都应该主动、积极地去解决他人绕开的问题,这样才能获得比他人更多的思考、锻炼和提高的机会,才能有更大的进步,获得比别人更多的成功。

然而,在生活中,并不是每个人都有一个好的心态、好的价值观念,这也就决定了有的人可以一步步得以提升、平步青云,而有的人只能原地踏步甚至倒退,造成这两个结果的原因其实很简单,就是前进的人用的力更多一些,而后退的人更懒惰一些。前进的人能更努力、更勇敢地前进,哪怕面对风雨，也不会停止前进的脚步。面对问题，他们选择的是将其战胜；而懒惰的人就不一样了，他们一遇到难题就逃开，害怕去面对难题、害怕付出，不愿努力，他们只是慵懒地等待着别人去解决问题，只是坐享其成或是在别人成功了以后发出妒意的目光，或讽刺地说那是他们的幸运。这类不去努力，只想要收获的人注定是不会取得成就的。

无论你具有怎样的性格，是天生就有很强的志向和抱负，还是比较安逸满足，作为一个人，无论在什么情况下，都应该去做一个内心拥有责任感、勇于承担的人，凡事多为他人、为集体着想，并且要做一个敢于担当、积极主动的人。当你的面前出现问题时，你要做的就是去战胜它、克服它。要想自己走得更远，获取更多的进步和提高，就要努力把握机会并善于发现机会。在有些人眼里，困难就是危机，而在另一些人眼里，困难就是机会，善于发现问题并解决问题的人总是会得到比其他人更多的机会，当然也会得到更多的收获。

通用电气公司董事长兼首席执行官杰克·韦尔奇有一句名言："要么奉献，要么滚蛋。"他的工作作风是："在其位，谋其政，不要找任何借口说自己不能够、办不到。"他自己如此，他也要求他的下属要这样做，不能因为干不好工作而找理由推脱责任、逃避问题。一次，一个员工为了一件极难办的事找他，说自己尽力了，并说出许多客观理由，最后说无论怎样，这件事都"办不到"。杰克·韦尔奇知道这个下属就是怕得罪人而牺牲自己的利益，就在他犹豫要不要换其他人去做这件事时，一位很年轻的员工来找他，主动要求办这件难办的差事，杰克·韦尔奇对这位员工的行为很是钦佩，因为这件事的确不是那么好办，杰克·韦尔奇把这个任务交给了这个年轻人，暗暗为这个年轻人担心，但是他还是鼓励了他："只要足够用心，任何困难都是可以解决的，相信你会做得很好！"

果然，这位年轻的员工并没有令杰克·韦尔奇失望，他不仅把问题解决好了，为公司留住了一位大客户，还直接签回了一单大生意，于是，杰克·韦尔奇很高兴，从此他再也没有忽视这个年轻人，而这个年轻人就是后来接替杰克·韦尔奇担任通用公司董事长兼首席执行官的杰夫·伊梅尔特。

一个人对待问题的态度可以直接反映他的敬业精神和道德品行，当然也可以反映出他能成就怎样的事业。

如果你想获得更多的机会，那么就去做一个善于发现问题并解决问题的人，包括他人不去解决或望而却步，解决不了的问题，在解决的过程中，你获得了思想和经验、提高了技术和能力，并且锻炼了自己的心理素质；而在问题解决之后，你获得的除了直接的结果外，还会获得老板的赏识和同事的赞赏，而这会成为你事业成功的一种无形的推动力，助你走向更大的成功。

勇于在关键时刻挺身而出

厚道经

很多情况下，我们都不要抱着"事不关己，高高挂起"的心态，而应该尽自己的一份力，亮出自己的本事，这样才能救他人于危困，也能让自己得到别人的尊敬和赏识。

在《西游记》中，孙悟空因为骁勇善战、神通广大，所以，每当妖怪来袭，都是由他做先锋负责摆平妖怪，而沙僧从头到尾几乎就只干了一件事——挑行李，所以，包括唐僧在内的大众都喜欢悟空，而常常把老实的沙僧给忽略掉。

自古以来，人们总是对英雄崇敬有加，就是因为他们都是在关键时刻挺身而出的那个人，因为关键，所以就显得战功卓著。如果他人没想到的办法你想到了，别人完成不了的任务你完成了，尤其是在上司或老板火烧眉毛时，如果你能给他们一个惊喜，想不被老板铭记于心都难。

常言道："疾风知劲草，烈火炼真金。"关键时刻是最能体现你能力的时刻，即使你平日默默无闻，但如果能在关键时刻替老板解决难题，无论是上司、下属还是同事，都会对你刮目相看。

一天早晨，美国宾夕法尼亚州一座停车场的调车场线路因为偶发事故陷于一片混乱中。普通电信技工卡耐基一大早来上班，发现车场如此混乱，急得如热锅上的蚂蚁，因为此时他的上司还没有到来，没有经过上司的批准下令，他是不能擅自处理问题的。可是调车场的线路已经乱作了一团，如果再不及时处理，将会引发更大的麻烦。卡耐基心想：该怎么办？如果自己不顾规定，擅自私自处理，很有可能等待他的结果就是卷铺盖走人，甚至还可能被判刑入狱。

其实，当时在场的电信工不止他一个，他完全可以对这个问题置之不理，等上司到来后再听令行事，何必自找麻烦呢？可是卡耐基并非平凡之辈，他没有选择做旁观者，而是大胆冒名顶替上司在文件上签了字，下达了处理命令。

当他的上司来到办公室时，问题已经得到了解决，就像从没有发生过一样。上司知道卡耐基的行为后，对他大加赞赏，并把他的此举报告给了公司总部。总裁知道后，立即把他调到了总公司，连升数级委以重任。从此，卡耐基的职业发展便一路扶摇直上。

通过这个故事，卡耐基再次向我们证明了关键时刻露一手对职位的高升是多么有效。

很多时候,人们之所以不敢在关键时刻表现自己,并不是因为能力不足,而是出于一种担心或自卑,担心"枪打出头鸟",或是没有足够的自信去挺身而出。

可是,你要明白,"智者千虑,必有一失;愚者千虑,或有一得",你的老板或上级再有能力,他们总归是人,也有疏漏弱势的时候,当你发现他们此时没法解决的问题,恰好你能助上一臂之力的时候,就要鼓足勇气,大胆提出你的解决方案。

要知道,有可能你穷尽毕生精力也不会得到别人的赏识,而只要抓住了这次机会,就有可能让你自此一鸣惊人。

霍翔宇是西安一家机械厂的普通技术员,一次,厂里的电机坏了,全厂陷入停电的局面,好几个技术员研究了半天,就是找不到毛病。负责安全生产的张厂长对秘书说:"去请纺织厂的孙工程师吧。"秘书答应着,正要走的时候,霍翔宇站出来了,他说:"张厂长,要不我来试试吧。"

霍翔宇是个典型的西北汉子,大个头、黑脸庞,两鬓络腮胡子,穿着沾满油污的藏蓝色工作服,怎么看也不像是个能解决问题的人,因此,许多人都不看好他,厂长也有所怀疑地问道:"你有多大把握?"

霍翔宇很自信地回答说:"请您给我两天时间,我保证修好。"

就这样,厂长在别无他法的情况下,半信半疑地把这个任务交给了霍翔宇。

霍翔宇马上开始了工作。白天他围着电机转悠,这儿看看,那儿敲敲,晚上,他就睡在电机房里。就这样,48 个小时很快过去了,人们见他还不拆电机,于是更加重了对他的怀疑,有的同事还笑话他说,没有金刚钻就别揽瓷器活儿。

厂长也劝他:"不行就算了吧。"

可是霍翔宇笑着说:"别急,今晚您就知道结局了。"

当天晚上，霍翔宇叫人搬来梯子，他爬到电机顶上，用铅笔在一处画了个圈，说："毛病就在这儿，线圈烧坏了！烧坏了 20 圈。"

听他这么说，技术工人们有点儿半信半疑，不过还是想看个究竟，就爬上电机顶看了看。一看果然如此，毛病找到了，电机很快就修好了，整个机械厂恢复了生产。

事后，张厂长问霍翔宇为什么能找到毛病，霍翔宇说："其实，我只是用我所掌握的专业知识去解决问题、找毛病，没有神奇的地方。"

通过这件事，张厂长感觉到霍翔宇这个小伙子是个难得的人才，如果把他调到技术部门，一定能发挥他的才能。于是张厂长一纸令下，将霍翔宇从原岗位升任为技术部顾问。

霍翔宇的挺身而出，为领导解了燃眉之急，而他自己也因此获得了提升。应该说，当面临危难的时候，能够挺身而出拯救团队的下属，定会得到领导的重视及赏识。

所以，在很多情况下，我们都不要抱着"事不关己，高高挂起"的心态，而应该尽自己的一份力，亮出自己的本事，这样才能救他人于危困，也让自己受到别人的尊敬和赏识。既然如此，那么，当机会来临，但凡时机恰当，你就果断出击，干脆利落地亮相吧。

要敢于对自己"狠"一点

> 在困难面前，只有敢于和自己较劲儿，对自己狠一
> 点，才能让自己成为一个不服输的千斤顶，也才能克服
> 横亘在眼前的困难。

无论是生活还是工作中，我们随时随地都会遇到问题和困难，面对这些困难，有些人总能找出各种冠冕堂皇的理由："困难太大了，我没办法解决！""条件不够充分，我做不到！""别人没有把困难打倒，我也不行！"……然而，让我们感到疑惑的是：在同样的困难面前，总有人咬牙坚持着，直至寻找到解决问题的办法，而有一些人却中途退却了，困难也就永远成了苦难。

因此，在困难面前，只有敢于和自己较劲，对自己狠一点儿，才能让自己成为一个不服输的千斤顶，也才能克服横亘在眼前的困难。

在广告界有着"鬼才"之称的资深策划人叶茂中曾这样说过："在人生的某一阶段，对生命负责的态度就是玩命，只有你对自己残酷一点儿，别人才会对你好一点儿。"

经他策划的品牌成功者不胜枚举：柒牌男装年销售额增长了 5 倍之多；维生素糖果——雅客 V9 成为了维生素糖果的领袖品牌，成交额逾 10 个亿；2004 年，他策划的 361°运动鞋的品牌得以推广，帮助其企业完成了销售额从 7 亿到 15 亿的飞跃……

对于何以取得如此傲人的成绩，叶茂中表示，他只是能够做到对自己

要求多一点儿、狠一点儿罢了。叶茂中笑言，做广告、做策划的人必须要有"自虐"倾向，人只活一次，选择营销就选择了战斗，选择了战斗就不能羡慕后方的宁静。为了想出好的创意，叶茂中和他的团队经历了一个又一个的不眠之夜，叶茂中要求自己和员工想不出好的创意方案就不下班，想不出来就一直想，直到想出来为止。

正是在这种严酷的要求下，一个个创造出奇迹的案例诞生了。叶茂中说他的创意是被自己逼出来的，做广告就是99%的痛苦+1%的快乐，追求的过程是漫长痛苦的，但是很值得去做，为了那最后的快乐。

西方有句名言："思想决定命运。"不敢向有难度的工作挑战，就是对自己的潜能没有信心和自我限制，这种思想最终会让自己无限的潜能转化为乌有。所以说，勇于向"不可能"挑战的精神、信心和勇气是一个员工获得成功的根本基础，也是他事业成功的重要因素。

我们身边不乏这样的人：他们博学多才，其专业技术和知识水平也让老板相当赏识，但是他们身上有个致命的弱点，就是不敢向自己的能力极限挑战，不敢对自己狠一点儿。他们工作的时候总是谨小慎微、循规蹈矩，当遇到麻烦事的时候，他们总是躲得远远的。这些人绝不可能有什么大的成就，更不会得到老板的认可。就算终其一生，也没什么作为。

其实，任何人都不是生下来什么都会做，只有不断地努力、不断地学习，才能具有丰富的知识，提高自己的能力。唯有知识，才是改变自己命运的坦途。

很多事情你看起来很难，想起来更难，但当你真正开始做了之后，你会发现立刻变得简单了。成功通常不是由你的能力决定的，而是你的决心。成功是靠不断地行动而得来的，而不是想出来的。

有一个关于沙丁鱼的故事，其大概内容是这样的。

一个人将鱼缸中间放一片透明的玻璃，一边放上小鱼，另一边放上沙丁鱼。沙丁鱼看到小鱼，就冲过去吃，可每次都撞到玻璃上，很多次都这样,过一段时间后,沙丁鱼再看见小鱼游,也不冲过去吃了;过了一段时间,把中间那片玻璃拿出去,小鱼和沙丁鱼完全混在一起,你会发现一个特别奇怪的现象,有好些小鱼就在沙丁鱼嘴边游,可沙丁鱼却没有任何要吃的动作。由此可见,衰莫大于心死,如果你认为不可能,那就真的不可能了,其实世界上没有一件事是"可能"的,也没有一件事是"不可能"的,千万不要自我设限,只要行动起来,即使失败 100 次,仍然要坚持行动,否则就真的只有死路一条了。

如果把人生比喻成一场戏,那么精彩与否则要看你在"演出"的过程中是否突破了自己的能力极限。如果当你回首的时候感觉一路走来一直都对自己有股"狠劲儿",那么你必将无愧于自己的人生,因为你为了摆脱平庸的工作状态,成为职场上的佼佼者,你在困难和问题面前敢于挑战自己的能力极限,敢于对自己下"狠手"。

把小事、杂事做好

厚道经

> 一件不起眼的小事或者一个微不足道的变化、却能实现工作中的一个大突破。所以,你对每一件小事、每一个细微的变化都要竭尽全力地做好。

现实生活中,周围的环境或多或少地都给过曾经幼年时代的我们这样的教育:要胸怀壮志、要做大事、成大气候。于是,在很多人的意识里,对于那些细微、琐碎、不显眼的小事便不会予以重视。其实,不管是日常生活还是每个人所做的工作，无不是由一件件小事构成的。

　　也许是因为我们目睹了太多的小事，也经历了太多的小事，所以往往感觉不到小事的存在，对它们已经变得习以为常。由于各种小事看上去都是那么毫不起眼，因此每个人都难免在有意无意间忽略了小事的力量和价值。

　　实际上，任何大事都是由无数件小事组成的，换句话说，任何一件小事都会事关大局。如果在一件小事上失误，那么很可能就此为大事、为全局埋下失败的隐患。这样一来，不但会给参与其中的当事者本人带来不可想象的严重后果，而且会给他人、给集体造成难以估量的灾难和损失。

　　孙晨立是广州一家服装厂的业务员，有一次，他为单位订购一批牛皮，在合同中写道："每张大于5平方尺、有疤痕的不要。"令孙晨立没想到的是，仅仅是一个"顿号"的差错，就给单位造成了巨大的损失。因为，上面合同中的这句话应该写成"每张大于5平方尺，有疤痕的不要"。

　　就因为这一个小小符号的差错，使得供货商钻了空子，发来的牛皮都是小于5平方尺的，孙晨立的公司只得哑巴吃黄连，有苦说不出。

　　还有一个类似的案例，我们一起来看一下。

　　英国曼彻斯特有一位商人给苏格兰的客户发电报报价："10万吨大豆，每吨500美金。价格高不高？要不要？"而苏格兰的那个商人原意是要说"不。太高"，可是他在电报里少写了一个句号，内容就变成了"不太高"。这样，对方就给他发货了，无奈之下，他也只好成交。但这样使他一下子损失了好几万美金。

　　在现代社会中，类似的案例可以说举不胜举，而故事的起因无不是因为那一个个细小的瑕疵而导致。

　　然而，在现实中，很多人往往对小事情不注意，认为要做就做大事。还有一些人觉得只要做自己的工作就够了，坚决拒绝"分外"的杂事。实际上，很多小事、杂事都可以拓宽你的人生之路，为你创造各种接近成功的机会。所以，不要看轻任何一项工作，不要把一点一滴的努力看成是小事，渐渐地你会发现，你的成功就是从小事开始的。

美国的一家牙膏公司有个被称为"每支两美元先生"的小职员。他之所以会有这个奇怪的绰号，是因为他无论签什么账单，都会在账单的右下角注上公司的名字，和"每支两美元"的字样。于是，他的真名字便没人叫了，大家都戏称他为"每支两美元先生"。

不久之后，这件事情就传到了老板耳朵里，他很高兴自己的员工如此热衷宣传自己的公司，更认为这个"每支两美元先生，"是个拥有着无限潜力的人。后来，老板离职的时候，很放心地把公司交给了这个职员。在这家公司，有很多比"每支两美元先生"职位高、能力强的人，但老总认为，这件小事足以证明"每支两美元先生"有着足够的管理好公司的能力。

其实，每一个人所做的事无不是由一件件小事所构成的。话务员每天不断地拨打和接听电话、部队里的士兵每天都要进行队列训练、战术操练等、财务工作者每天要做的就是整理报表、核算开支等小事、酒店里的服务员每天做的就是整理床铺、打扫房间等小事。总之，每个人都在各自的岗位上做着一件件小事，而这些小事往往决定了一个人态度的优劣、能力的强弱。

所以，即使面对周而复始的小事情，你也不要感到厌倦，不要觉得这些小事毫无意义而提不起精神。而要记住：这就是你的工作，而工作中无小事。要想把每一件事做到完美，就必须付出你的热情和努力。

问题面前，不找借口找办法

厚道经

在问题面前，不把问题推给别人，而要用自己的意志力和责任感立即行动，处理这些问题，这样才能让自己尽快地成熟和成长起来。

我们大概都有这样的经历：问题一大堆，搞得自己甚至整个团队一个脑袋两个大，一时之间又不知道从何下手。

每当这个时候，有的人就会心生埋怨：为什么偏偏我这么倒霉？总遇到这么麻烦的问题？也有的人会琢磨：这件事在我的负责范围内吗？凭什么往我头上推？还有的人会考量：解决了问题，能有我什么好处吗……诸如此类，不一而足。

实际上，这些想法都可以表明，这样的人喜欢在问题面前把自己置身世外，喜欢推、靠、拖、等。当别人让他去解决问题时，他首先不是想方设法去解决问题，而是首先问自己能得到什么回报，即使勉强接受，也总是心不甘、情不愿，要么在做的时候打折扣，要么让问题悬而未决。这样的人不仅耽误了团队的发展，而且影响了自己的前途。

与之相反，那些真正有责任心的人在遇到问题时，首先想到的是自己用什么样的方法才能把问题彻底解决掉？不会给别人造成麻烦，一定让问题到此为止。

显而易见，这是一种积极向上的态度，是一个厚道之人所具备的良好素养，所以这样的人是最受别人欢迎的，他们会比别人想到更好的解决问题的方法，而且能够确保将问题解决。

江浩斌在一家外企市场部工作，有一次，公司要和一家跨国集团谈一笔合作，双方商定在元旦期间去三亚度假，主要是详谈合作的相关事宜。由于当时正值旅游高峰时期，三亚的房源非常紧张。江浩斌的公司和客户一行将近 20 人，因为要谈公事，所以必须住在同一家宾馆。

原本江浩斌订的是五星级宾馆，但是客人到达之后已经住满了，只剩下四星级的，没办法，江浩斌代表公司再三向客户道歉，说明缘由后，选择了一家四星级的酒店。可是，问题出现了，在客户中，有一对夫妻一直是住五星级宾馆的，他们很难接受四星期宾馆的待遇。为此，这对夫妻表示非常生气，并且表示坚决不会住进去。见此情景，江浩斌一点儿都没有着急，而是再次向客户道歉，并晓之以理，动之以情。但是到最后，嘴皮子都磨破了，这对夫妻就是不同意。

这时，江浩斌打算向领导汇报情况，但是时间已经晚了，公司那边早已下班。江浩斌不想因此再惊扰忙碌了一天的领导，于是他决定由自己来解决问题。他先是温和地对两位客人说，让他们到咖啡馆稍微休息一下，然后想办法为他们找五星级宾馆，两位客人这才消了点儿怒气。江浩斌把他们安排到舒适、温馨的咖啡馆里，还给他们叫了两杯热咖啡。

随后，他打了不下 20 个电话，终于有个同学帮他找到了一家五星级宾馆，正好那边有一个空房间。但是酒店提出了一个条件：因为是临时调配房间，所以还要多交一定的费用。

尽管如此，江浩斌仍然毫不犹豫地答应下来。这其中多出来的费用，江浩斌打算让自己承担，于是，他自掏腰包付了费用。

最终如愿以偿，这对夫妻很满意，高兴地住了进去。在未来的几天里，双方的谈判非常顺利，并且签下了合作协议。三亚之行结束，回到公司以后，领导知道了这件事，对江浩斌大加赞赏，不仅给他报销了多出的费用，而且还给他加了薪，对他颇为看重。

故事中的江浩斌之所以能够博得老板的好感，是因为他身上体现了一种厚道员工的良好品质：只要是单位的问题，就是我自己的问题，决不能因为种种困难而把它推诿掉，更不会计较自身利益的得失而放弃解决问题的时机。

在职场中，像江浩斌这样的员工，哪个老板不喜爱？哪个人不愿意与这样的人合作？因为，只有这种厚道的人才会在遇到问题时绝对不推诿，也不会计较条件和回报，而是让自己变成问题的"终结者"。

不过，我们同时也会看到，很多人在犯错之后往往不是寻求补救的方法，为自己的错误承担责任，而是绞尽脑汁想一切可能想到的借口。其实，犯错并不可怕，人要学会直面错误，勇于为自己的错误承担责任，不能害怕错误带来的负面影响，更不要试图寻找借口。

那些为自己犯下的错误找借口的人会认为，承认错误意味着老板会责罚；沉默和"合理的托辞"意味着逃脱责任。但是当你选择了承认错误时，你得到的不一定只有惩罚。

高佳棠是某公司的会计，一次，他在做工资表时给一个请病假的员工定了全薪，忘了扣除他请假那几天的工资。工资发下去后，高佳棠才发现自己的错误，他只好找到这名员工，告诉他下个月要把多给的钱扣除。

但是这名员工说自己手头正紧，请求分期扣除，但如果这么做的话，高佳棠就必须请示他的上司，这也就意味着上司会知道高佳棠犯的错，并且可能会因此而恼怒甚至扣除他的奖金。高佳棠再三考虑后，认为自己的错误必须由自己承担，于是敲响了上司办公室的门并承认了自己的错误。

但上司说："这不是你的错，人事部门该承担责任。"高佳棠说："不，工资是我定的，是我的错。"上司又说，"不是，你们部门领导应该负全责。"

高佳棠又说："经理的事太多，这种事都是我一个人做的。"上司听后高兴地对高佳棠说："好样的，我这样说，就是想看看你承认错误的决心有多大。好了，现在你去把这个问题按照你自己的想法解决掉吧。"

事情终于解决了，从那以后，上司非常器重高佳棠。

从故事中可以看出，敢于直面自己的错误而不找任何借口的厚道人不但能够使原本错的事情得到缓解，而且还会得到老板的赏识和信任。相反地，如果不敢直面自己的错误，而是隐藏，隐藏不了就找借口，那么很可能会造成原本错的事情扩大化。

就拿高佳棠来说，如果他不肯承认、隐瞒，为自己的错误找借口，那么事情就不会顺利地解决，可能会激发企业与那位员工之间的矛盾，甚至还会连累其他同事，老板知道后，会怀疑高佳棠的诚信和工作能力，甚至怀疑他在过去有没有犯类似的而自己被隐瞒的错误，将来还会不会犯同样的错误。一旦领导对你失去了信任，你的职场生涯将举步维艰。

因此，即使你做错了，也要勇于承认错误并努力改正，只有这样，你才能得到领导的信任和器重，自己的职业生涯才会少一些磕绊，多一些坦途。

美国"氢弹之父"爱德华·泰勒具有极好的自我纠错习惯，他经常兴致勃勃地谈起自己的某个最新见解，不久后又会毫不留情地自我否定。尽管他的十个见解中往往八九个都是错的，可是他凭借有错就纠的好习惯却能够沙里淘金，做出了不平凡的成就。

也许那些在问题出现时能够不找借口而是主动承担的人的做法看上去有点儿"傻"，因为这样必然要面临更多的困难和失败，但这样的人往往具有必胜的信念、坚强的毅力和完美的执行力，他们在做事的过程中能够发挥自己的潜能，不会浪费时间，更不会错过任何机会，因而他们的成功是必然的，因为别人所欣赏的正是这种在问题和错误面前敢于承担、勇于反省的合作者。